基于 MATLAB 的机器人轨迹优化与仿真

李 辉 著

北京邮电大学出版社
www. buptpress. com

内 容 简 介

基于MATLAB的机器人轨迹优化与仿真的目的是生成运动控制系统的参考输入，以确保机械臂完成规划的轨迹，而优化其轨迹对提高运动、控制性能至关重要。本书以不同优化目标基于不同算法进行机械臂的轨迹优化，并基于MATLAB Robotics Tools进行仿真。本书共分8章，分别讲述了机器人运动学问题、基于MATLAB的机器人建模、机器人轨迹规划、时间最优的轨迹规划方法、码垛机器人的运动规划与仿真、SCARA机器人的运动规划与仿真、双臂机器人运动学规划与仿真和基于遗传算法的避障轨迹优化。

本书适用于对机器人轨迹规划与仿真感兴趣的读者，也可以作为机器人工程专业的教材或参考书。

图书在版编目(CIP)数据

基于MATLAB的机器人轨迹优化与仿真 / 李辉著. -- 北京 : 北京邮电大学出版社，2019.10 (2024.12重印)

ISBN 978-7-5635-5645-8

Ⅰ. ①基… Ⅱ. ①李… Ⅲ. ①机器人控制－系统仿真－Matlab软件 Ⅳ. ①TP24②TP273

中国版本图书馆CIP数据核字（2018）第273032号

策划编辑：齐天骄　**责任编辑**：徐振华　孙宏颖　**封面设计**：七星博纳

出版发行：北京邮电大学出版社
社　　址：北京市海淀区西土城路10号
邮政编码：100876
发 行 部：电话：010-62282185　传真：010-62283578
E-mail：publish@bupt.edu.cn
经　　销：各地新华书店
印　　刷：保定市中画美凯印刷有限公司
开　　本：787 mm×1 092 mm　1/16
印　　张：8.25
字　　数：203千字
版　　次：2019年10月第1版
印　　次：2024年12月第4次印刷

ISBN 978-7-5635-5645-8　　定　价：38.00元

前　言

随着当今世界经济的快速发展，机械制造业在经济的发展当中起到了不可代替的作用。尤其是现代工业机器人技术，已成为影响我国综合国力的重要因素，工业机器人在自动化行业中占有举足轻重的地位。工业机器人是一种自动化程度非常高的现代化机械装备，它融合了机械工程、控制工程、计算机、电子信息工程等多门学科，是目前机械发展中的典型代表。目前运用到自动化制造中的工业机械臂的最基本的组成部分有：执行部件、控制系统、软件系统、人机交互操作界面、传感器感知模块系统。工业机器人已经成了科学发展中的一个非常活跃的领域，在社会中有着举足轻重的地位。

工业机器人之所以在目前社会经济的发展中起到重要的作用，是因为它可以取代人们进行长时间、高强度的工作，并且在机械自动化生产线和智能制造中工业机械臂可以代替工人快速高效地完成机械性、重复性的工作。在零件的定点搬运、沿着特定轨迹曲线的焊接和特定位置的物体抓取等工作场景中，工业机器人可以取代工人快速地工作，这样可以节省大量的工作时间和劳动力，进而降低生产成本。在相对危险和对人体有害的工作环境当中，工业机器人可以代替人类进行工作，这在很大程度上减小了这种工作环境对工人身体的伤害。

对于提高机器人在运动过程中的稳定性和作业的精度，首先要做的就是对机器人进行轨迹规划。对机械臂各个关节的位移、速度、加速度曲线进行规划，使其光滑连续且无突变，由此来提高工作效率，抑或避免、减小由于突变引起的机械臂在运动或者作业时的振动与冲击。轨迹规划的方法各种各样，有多项式插值轨迹规划方法、B样条轨迹规划方法以及可通过粒子群优化算法、蚁群算法、遗传算法等对轨迹进行规划。本书基于MATLAB对不同机器人系统进行轨迹规划、优化与仿真。

MATLAB作为编程软件中较为实用的一种高效计算机软件，它可以利用数学模型和算法或者输入的一些已知的数据，通过MATLAB中的高级图形工具，生成能够便于利用的数据化可视模型图，以便于仿真。MATLAB在目前的数据归纳软件中有着明显的优势，它无论是在代码生成、数据分析方面，还是在图形建立、机器人仿真等方面，都能满足要求。它具有一些非常显著的特征。

① MATLAB长时间被人们使用以解决各种不同的问题，因此代码的可信度较高。当有新的算法出现时，或者需要用其他语言编辑相同的算法时，亦或者同种算法需要应用在其他新的环境中时，就需使用MATLAB中的机器人工具箱，机器人工具箱能够起到“黄金标准”的作用。

② 这些工具箱能让使用者接触到真实的问题，而非简单无实际意义的例子。对于超过两个关节的真实机器人，一般人在没有外力帮助的情况下是无法对它们进行计算的。

③ 机器人工具箱能让我们窥探问题的本质，而不是迷失在纷繁的细枝末节上。用这些工具箱我们能快速简单地进行试验，开展“如果-就会”(what-if)的探究，并且把结果用

MATLAB 的二维和三维绘图工具直观地描绘出来。

④ 工具箱中有许多现成的算法代码，我们可以把自己需要的代码从中提取出来。使用者可以研读这些代码，可以直接把它用到自己的问题上，也可以在这些代码的基础上自己进行扩充或重写。总之，现成的代码为我们提供了许多方便，即使从来都没有接触过，这些代码也能让我们知道如何起步。

机器人工具箱可以对机器人，特别是多关节机器人的运动轨迹进行仿真计算。此外，这些工具箱还可以根据不同的要求进行图形处理，还包含运动学、动力学等分析。机器人工具箱还可对实际的机器人控制实验的各种数据进行分析。

MATLAB 是一款数学软件，这款软件可用于算法开发、数据可视化、数据分析及数值计算。MATLAB 的基本数据单位为矩阵，故 MATLAB 可以进行矩阵运算、函数绘制和数据处理。它在数值计算和符号计算功能、图形处理功能等方面有极高的效率，容易学习和掌握。此外它还拥有其他功能丰富的工具箱，能够提供很多便捷实用的处理工具。

目　　录

第1章　机器人运动学问题

机器人运动学分析是控制的基础。对机器人运动学进行分析，主要是它的正运动学分析和逆运动学分析。正运动学分析是已知机器人的关节变量和各关节的参数求解末端位姿的过程。如果给定一个机器人末端执行器的位姿，要对机器人实现控制，就要确定实现这个位姿的机器人每个关节的位移，这个求解的过程就称为机器人的逆运动学分析。下面以一个5自由度机器人为实例进行运动学分析。

1.1　机器人正运动学分析

图1-1为某5自由度机器人结构简图。

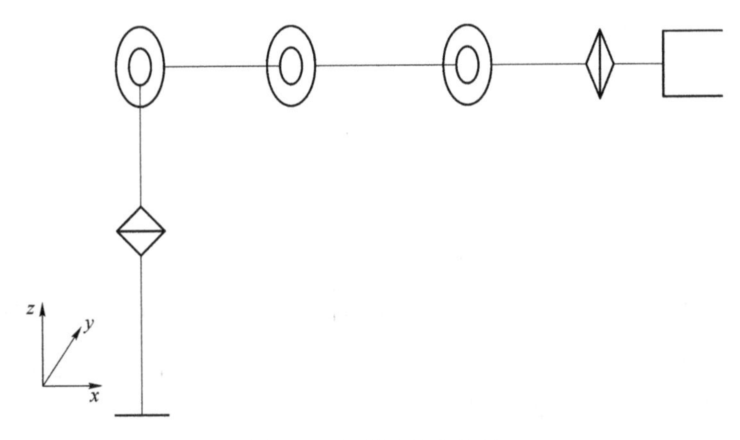

图1-1　机器人结构简图

该机器人运动系统由5个旋转自由度组成，一个回转、两个俯仰共3个自由度组成机械臂部分，一个偏航和一个俯仰两个自由度组成手腕部分。

如果采用D-H法进行分析，每个关节用4个参数θ_i、d_i、a_{i-1}、α_{i-1}进行描述，正常来说，将第一个杆首端(即定位端)作为坐标系的原点；此后，第i个杆则顺次称为$\sum_i$标系。

如图1-2所示，D-H法的4个参数有如下定义。

① 连杆的长度a_i：是两个公法线间的距离。

② 杆i的转动角度α_i：是两轴线在平面的夹角。

③ 杆间长度d_i：是两个杆之间的距离。

④ 杆间角度θ_i：是两个杆之间相对的角度。

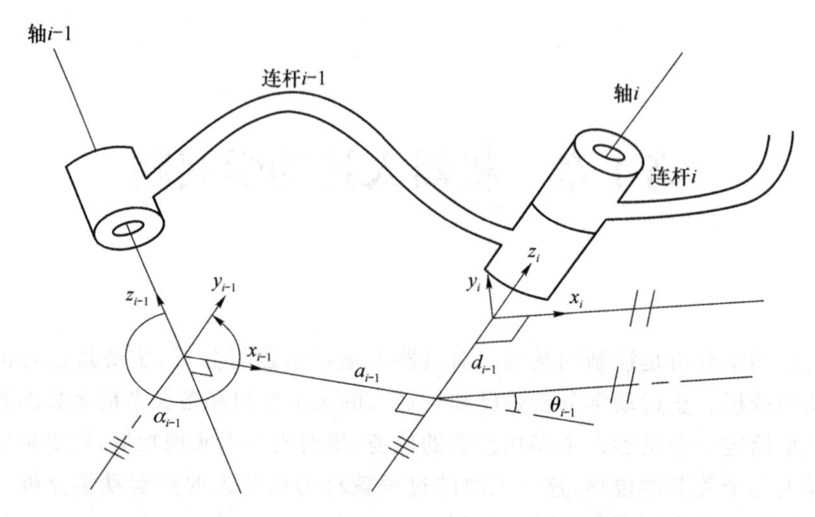

图 1-2　连杆后置坐标系的 D-H 法参数图

每个连杆用 4 个参数 θ_i、d_i、a_{i-1}、α_{i-1} 进行描述，a_{i-1} 和 α_{i-1} 描述连杆 $i-1$ 本身的特征与下一连杆 i 的变化联系。对于旋转关节 i 来说，θ_i 为关节变量，其他参数不变；对于移动关节 i 来说，d_i 为关节变量，其他参数不变。

由此可根据结构简图用 D-H 法建立运动学方程。建立相邻两杆的坐标系 $\sum_{i-1}$ 和 $\sum_i$，两个杆间的主要运动为 4 次转动，分别为：

① $\sum_{i-1}$ 沿 x_{-1} 轴转 α_{i-1}，使 z 和 z_{i-1} 平行；

② $\sum_{i-1}$ 沿 x_{-1} 轴移动 a_{i-1}，使 z 和 z_{i-1} 重合；

③ $\sum_{i-1}$ 沿 z_i 轴转 θ_{i-1}，使 x 和 x_i 平行；

④ $\sum_{i-1}$ 沿 z_i 轴移动 d_{i-1}，使 x 和 x_i 重合。

其中，$\sum_{i-1}$ 和 $\sum_i$ 的关系由 4 个矩阵来描述，这 4 个矩阵 $\boldsymbol{T}_i^{i-1}$ 表示了两个连杆之间的位置关系，即矩阵 $\boldsymbol{T}_i^{i-1}$ 是一个坐标变换矩阵，它表示末端连杆坐标系相对于前一个坐标系的关系。表 1-1 为机械臂的连杆参数。

表 1-1　机械臂的连杆参数

关　节	θ_i	d_i	a_{i-1}	α_{i-1}
1	θ_1	$d_1(0)$	$a_0(0)$	$\alpha_0(0°)$
2	θ_2	$d_2(0)$	a_1	$\alpha_1(-90°)$
3	θ_3	$d_3(0)$	a_2	$\alpha_2(0°)$
4	$\theta_4(-90°)$	$d_4(0)$	a_3	$\alpha_3(0°)$
5	θ_5	$d_5(0)$	$a_4(0)$	$\alpha_4(-90°)$

图 1-3 所示为该机器人各关节的坐标变换图。

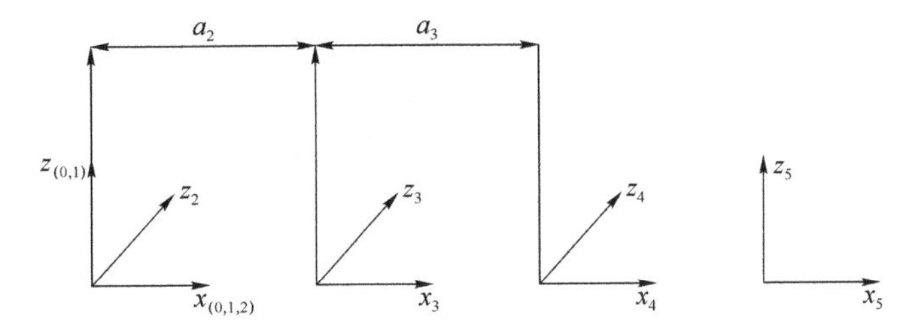

图 1-3　机器人各关节坐标变换图

第一关节坐标系的建立与初始坐标系完全相同，将第一关节坐标系和第二关节坐标系设于同一点，第四、第五关节坐标系为腕关节坐标，位于同一点。5 个关节均为转动关节，转动变量分别为 θ_1、θ_2、θ_3、θ_4、θ_5。其中，a_2、a_3 分别表示关节 2、关节 3 的关节长度。

根据机械臂各关节坐标变换可以建立该机器人的运动学正解算方程。

$$\boldsymbol{T}_1^0=R(z,\theta_1)=\begin{pmatrix} c_1 & -s_1 & 0 & 0 \\ s_1 & c_1 & 0 & 0 \\ 0 & 0 & 1 & 0 \\ 0 & 0 & 0 & 1 \end{pmatrix} \tag{1-1}$$

$$\boldsymbol{T}_2^1=R(x,-90^\circ)\times R(z,\theta_2)=\begin{pmatrix} 1 & 0 & 0 & 0 \\ 0 & 0 & 1 & 0 \\ 0 & -1 & 0 & 0 \\ 0 & 0 & 0 & 1 \end{pmatrix}\begin{pmatrix} c_2 & -s_2 & 0 & 0 \\ s_2 & c_2 & 0 & 0 \\ 0 & 0 & 1 & 0 \\ 0 & 0 & 0 & 1 \end{pmatrix}=\begin{pmatrix} c_2 & -s_2 & 0 & 0 \\ 0 & 0 & 1 & 0 \\ -s_2 & -c_2 & 0 & 0 \\ 0 & 0 & 0 & 1 \end{pmatrix} \tag{1-2}$$

$$\boldsymbol{T}_3^2=R(x,a_2)\times R(z,\theta_3)=\begin{pmatrix} 1 & 0 & 0 & a_2 \\ 0 & 1 & 0 & 0 \\ 0 & 0 & 1 & 0 \\ 0 & 0 & 0 & 1 \end{pmatrix}\begin{pmatrix} c_3 & -s_3 & 0 & 0 \\ s_3 & c_3 & 0 & 0 \\ 0 & 0 & 1 & 0 \\ 0 & 0 & 0 & 1 \end{pmatrix}=\begin{pmatrix} c_3 & -s_3 & 0 & a_2 \\ s_3 & c_3 & 0 & 0 \\ 0 & 0 & 1 & 0 \\ 0 & 0 & 0 & 1 \end{pmatrix} \tag{1-3}$$

$$\boldsymbol{T}_4^3=T(x,a_3)\times \mathrm{Rot}(z,\theta_4)=\begin{pmatrix} 1 & 0 & 0 & a_3 \\ 0 & 1 & 0 & 0 \\ 0 & 0 & 1 & 0 \\ 0 & 0 & 0 & 1 \end{pmatrix}\begin{pmatrix} c_4 & -s_4 & 0 & 0 \\ s_4 & c_4 & 0 & 0 \\ 0 & 0 & 1 & 0 \\ 0 & 0 & 0 & 1 \end{pmatrix}=\begin{pmatrix} c_4 & -s_4 & 0 & a_3 \\ s_4 & c_4 & 0 & 0 \\ 0 & 0 & 1 & 0 \\ 0 & 0 & 0 & 1 \end{pmatrix} \tag{1-4}$$

$$\boldsymbol{T}_5^4=R(x,90^\circ)\times \mathrm{Rot}(z,\theta_5)=\begin{pmatrix} 1 & 0 & 0 & 0 \\ 0 & 0 & -1 & 0 \\ 0 & 1 & 0 & 0 \\ 0 & 0 & 0 & 1 \end{pmatrix}\begin{pmatrix} c_5 & -s_5 & 0 & 0 \\ s_5 & c_5 & 0 & 0 \\ 0 & 0 & 1 & 0 \\ 0 & 0 & 0 & 1 \end{pmatrix}=\begin{pmatrix} -c_5 & -s_5 & 0 & 0 \\ 0 & 0 & -1 & 0 \\ s_5 & c_5 & 0 & 0 \\ 0 & 0 & 0 & 1 \end{pmatrix} \tag{1-5}$$

因此可以得到机械臂运动学方程 $\boldsymbol{T}_5^0$：

$$\boldsymbol{T}_5^0=\boldsymbol{T}_1^0\times\boldsymbol{T}_2^1\times\boldsymbol{T}_3^2\times\boldsymbol{T}_4^3\times\boldsymbol{T}_5^4=\begin{pmatrix} r_{11} & r_{12} & r_{13} & p_x \\ r_{21} & r_{22} & r_{23} & p_y \\ r_{31} & r_{32} & r_{33} & p_z \\ 0 & 0 & 0 & 1 \end{pmatrix} \tag{1-6}$$

$$r_{11}=c_1c_5(c_{23}c_4-s_{23}s_4)-s_1s_5 \tag{1-7}$$

$$r_{12}=s_1c_1(c_{23}c_4-s_{23}s_4)+s_5c_1 \tag{1-8}$$

$$r_{13}=-c_5(s_{23}c_4-c_{23}s_4) \tag{1-9}$$

$$r_{21}=-c_1s_5(c_{23}c_4-s_{23}s_4)-s_1s_5 \tag{1-10}$$

$$r_{22}=-s_1s_5(c_{23}c_4-s_{23}s_4)+c_1c_5 \tag{1-11}$$

$$r_{23}=s_5(s_{23}c_4-c_{23}s_4) \tag{1-12}$$

$$r_{31}=c_1(s_{23}c_4+c_{23}s_4) \tag{1-13}$$

$$r_{32}=s_1(s_{23}c_4+c_{23}s_4) \tag{1-14}$$

$$r_{33}=c_{23}c_4-s_{23}s_4 \tag{1-15}$$

$$p_x=c_1(c_{23}a_3+a_2c_2) \tag{1-16}$$

$$p_y=s_1(a_3c_{23}+a_2c_2) \tag{1-17}$$

$$p_z=-(s_{23}a_{23}+s_2a_2) \tag{1-18}$$

其中 s_i 表示 $\sin\theta_i$，c_i 表示 $\cos\theta_i$，s_{ij} 表示 $\sin(\theta_i+\theta_j)$，c_{ij} 表示 $\cos(\theta_i+\theta_j)$。

1.2　机器人的运动学逆解算

当控制机器人运动时，通常是已知机器人末端执行器的位姿 $\boldsymbol{T}_5^0=\begin{pmatrix} r_{11} & r_{12} & r_{13} & p_x \\ r_{21} & r_{22} & r_{23} & p_y \\ r_{31} & r_{32} & r_{33} & p_z \\ 0 & 0 & 0 & 1 \end{pmatrix}=\begin{pmatrix} n_x & o_x & a_x & p_x \\ n_y & o_y & a_y & p_y \\ n_z & o_z & a_z & p_z \\ 0 & 0 & 0 & 0 \end{pmatrix}$，求各个关节的位移，也就是运动学逆解算问题。

由式(1-17)/式(1-16)可得：

$$\frac{p_y}{p_x}=\frac{s_1(c_{23}a_3+c_2a_2)}{c_1(c_{23}a_3+c_2a_2)}=\tan\theta_1 \tag{1-19}$$

$$\theta_1=\text{atan}[2(p_y,p_x)] \tag{1-20}$$

由式(1-14)/式(1-13)可得：

$$\frac{r_{32}}{r_{31}}=\frac{o_z}{n_z}=-\tan\theta_5 \tag{1-21}$$

$$\theta_5=\text{atan}[2(o_z,-n_z)] \tag{1-22}$$

得到机械臂的位置后，通过式(1-6)得到变换矩阵：

$$[\boldsymbol{T}_1^0]^{-1}\boldsymbol{T}_5^0=\boldsymbol{T}_2^1\boldsymbol{T}_3^2\boldsymbol{T}_4^3\boldsymbol{T}_5^4 \tag{1-23}$$

根据式(1-23)两边元素(2,3)和(3,3)对应相等可得：

$$c_1 p_x + s_1 p_y = c_{23} a_3 + c_2 a_2 \tag{1-24}$$

$$p_z = -(s_{23} a_3 + s_2 a_2) \tag{1-25}$$

由式(1-24)和式(1-25)左右平方相加可得式(1-26)：

$$c_2(c_1 p_x + s_1 p_y) - s_2 p_z = \frac{a_3^2 - (c_1 p_x + s_1 p_y)^2 - a_2^2 - p_z^2}{2a_2} \tag{1-26}$$

由此可得：

$$\theta_2 = \text{atan}\left[2(K, \pm\sqrt{P^2 - K^2})\right] + \text{atan}\left[2(c_1 p_x + s_1 p_y, p_z)\right] \tag{1-27}$$

其中 $K = \dfrac{a_3^2 - (c_1 p_x + s_1 p_y)^2 - a_2^2 - p_z^2}{2a_2}$，$P = \sqrt{[-(c_1 p_x + s_1 p_y)]^2 + p_z^2}$。

得到机械臂的位置后，通过式(1-6)得到变换矩阵：

$$[\boldsymbol{T}_3^2]^{-1}[\boldsymbol{T}_2^1]^{-1}[\boldsymbol{T}_1^0]^{-1}\boldsymbol{T}_6^0 = \boldsymbol{T}_4^3\boldsymbol{T}_5^4 \tag{1-28}$$

根据式(1-28)两边元素(1,4)和(2,4)分别对应相等可得：

$$c_1 s_{23} p_x + s_1 s_{23} p_y + c_{23} p_z = 0 \tag{1-29}$$

$$c_1 c_{23} p_x + s_1 c_{23} p_y + s_{23} p_z = a_3 \tag{1-30}$$

令 $c_1 c_{23}$ 乘以式(1-29)减去 $c_1 s_{23}$ 乘以式(1-30)得：

$$\frac{-c_1 s_2 p_x - s_1 s_2 p_y - c_2 p_z}{c_1 c_2 p_x + s_1 c_2 p_y - s_2 p_z - a_2} = \tan\theta_3 \tag{1-31}$$

$$\theta_3 = \text{atan}\left[2(-c_1 s_2 p_x - s_1 s_2 p_y - c_2 p_z, c_1 c_2 p_x + s_1 c_2 p_y - s_2 p_z - a_2)\right] \tag{1-32}$$

令式(1-28)两边元素(1,3)和(2,3)分别对应相等可得：

$$c_1 c_{23} r_{31} + c_1 s_{23} r_{32} - s_{23} r_{33} = s_4 \tag{1-33}$$

$$c_1 s_{23} r_{31} + s_1 c_{23} r_{32} + c_{23} r_{33} = c_4 \tag{1-34}$$

由式(1-34)除以式(1-33)可得：

$$\theta_4 = \text{atan}\left[2(c_1 c_{23} r_{31} + c_1 c_{23} r_{32} - s_{23} r_{33}, c s_{23} r_{31} + s_1 s_{23} r_{32} + c_{23} r_{33})\right] \tag{1-35}$$

1.3 基于 MATLAB 的运动学正解算

已知机械臂的关节长度 $a_2 = 600$ mm，$a_3 = 500$ mm，偏置 d 均为 0。根据机器人的结构进行分析，将已知数据代入运动学方程进行计算，并基于 MATLAB 进行计算。

由于 MATLAB 软件不能识别常规的字符，首先对所需要的字符数据进行赋值，表达成 MATLAB 所识别的形式，其中 theta1、theta2、theta3、theta4、theta5 分别代表 θ_1、θ_2、θ_3、θ_4、θ_5，T10、T21、T32、T43、T54 分别表示相连关节之间的坐标转化矩阵：

```
Syms theta1 theta2 theta3 theta4 theta5 a2 a3 T10 T21 T32 T43 T54 % 定义变量
```

将各关节的变换表示成 MATLAB 识别的矩阵形式：

```
T10 = [cos(theta1) - sin(theta1) 0 0;sin(theta1) cos(theta1) 0 0;0 0 1 0;0 0 0 1]
T21 = [cos(theta2) - sin(theta2) 0 0;0 0 1 0; - sin(theta2) - cos(theta2) 0 0;0 0 0 1]
T32 = [cos(theta3) - sin(theta3) 0 a2;0 0 - 1 0;sin(theta3) cos(theta3) 0 0;0 0 0 1]
T43 = [sin(theta4)  cos(theta4) 0 a3; - cos(theta4) sin(theta4) 0 0;0 0 1 0;0 0 0 1]
T54 = [cos(theta5) - sin(theta5) 0 0;0 0 1 0; - sin(theta5) - cos(theta5) 0 0;0 0 0 1]
```

用 MATLAB 软件对矩阵进行计算，得出 5 自由度机器人的末端执行器相对于初始坐标系的关系：

```
T50 = T10 * T21 * T32 * T43 * T54
```

现给定关节角度变化范围内的 10 组关节角度值，求解机械臂的末端位姿。根据运动学的正解算求解出 10 组关节角度值坐标变换的末端位姿，表 1-2 所示为给定的 10 组机器人各个关节角度值。

表 1-2　机器人各个关节角度值

组　号	θ_1	θ_2	θ_3	θ_4	θ_5
1	0	0	0	0	0
2	10	−20	40	10	30
3	−60	−70	−30	−20	−15
4	45	30	20	90	25
5	−35	60	10	−90	−35
6	−30	10	15	60	−20
7	−90	−30	45	25	10
8	−70	−25	35	−45	10
9	−25	−40	60	70	40
10	−10	20	−40	30	45

根据机器人正运动学方程分析，可以得到机械臂各关节的坐标变换矩阵，将各关节的坐标变换矩阵表示成 MATLAB 所识别的形式，并编写出求解机械臂末端位姿的程序（程序见附录 1），将给定的 10 组关节角度值分别代入程序中，求解 10 组关节角度值下的机器人末端位姿。用 MATLAB 软件进行数据计算，求得 10 组关节角度值下的机器人末端执行器的位姿，可将机器人末端位姿表示为 4×4 的矩阵，现取机器人末端执行器位姿矩阵中的最后一列的前三行（即机器人末端执行器的 X、Y、Z 位置）。表 1-3 所示为求得的 10 组关节数据的机器人末端执行器的 X、Y、Z 位置。

表 1-3　机器人末端位置正解算

组　号	X/m	Y/m	Z/m
1	2.200 0	0	0
2	2.035 9	0.359 0	0.068 4
3	0.118 4	−0.205 1	2.112 4
4	1.189 4	1.189 4	−1.366 0
5	0.771 7	−0.540 3	−1.978 9
6	1.808 3	−1.044 0	−0.631 0
7	0.000 0	2.005 2	0.341 2
8	0.708 8	−1.947 4	0.333 5
9	1.684 8	−0.785 6	0.429 3
10	2.035 9	−0.359 0	−0.068 4

1.4 基于 MATLAB 的机器人运动学逆解算

运动学逆解算是已知机器人的末端工具的位置和姿态，求解机器人每个关节的变量值 θ。逆运动学的求解过程也是一个关节角度解耦的过程。根据运动学的正解算，可以求解出机器人的末端位姿。将求得的机器人末端位姿矩阵连续左乘相邻关节坐标关系的逆矩阵，将得到的矩阵与各个关节的坐标矩阵连续相乘的矩阵对应相等，从而根据各个关节之间的变化和已知值求解出每个关节变量值。将机械臂运动学逆解算方程式表达成 MATLAB 软件识别的形式并进行 MATLAB 仿真验证。

逆运动学求解方程 MATLAB 程序如下：

```
(T10)^-1 * T50 = T21 * T32 * T43 * T54
(T10 * T21)^-1 * T50 = T32 * T43 * T54
(T10 * T21 * T32)^-1 * T50 = T43 * T54
(T10 * T21 * T32 * T43)^-1 * T50 = T54
```

已知机器人的末端位姿（即 T50 矩阵中的值是已知的），根据逆运动学方程求解各个关节的关节变量值。

$$\text{theta1}=\text{atan}\,2(p_y,p_x)$$

根据运动学方程可以求得两个 theta2，分别表示为 theta2_1 和 theta2_2

$$\text{theta2}_1=\text{atan}[2(K,\sqrt{P^2-K^2})]+\text{atan}[2(c_1p_x+s_1p_y,p_z)]$$

$$\text{theta2}_2=\text{atan}[2(K,-\sqrt{P^2-K^2})]+\text{atan}[2(c_1p_x+s_1p_y,p_z)]$$

其中，$K=[a_3^2-(c_1p_x+s_1p_y)^2-a_2^2-p_z^2]/(2a_2)$，$P=\sqrt{(c_1p_x+s_1p_y)^2+p_z^2}$。由于 theta2 有两个值，所以求得两个 theta3：

$$\text{theta3}=\text{atan}[2(-c_1s_2p_x-s_1s_2p_y-c_2p_z,c_1c_2p_x+s_1c_2p_y-s_2p_z-a_2)]$$

由于 theta2 与 theta3 均有两个值，所以求得的 theta4 有 4 个值：

$$\text{theta4}=\text{atan}[2(c_1c_{23}a_x+c_1c_{23}a_y-s_{23}a_z,c_1s_{23}a_x+s_1s_{23}a_y+c_{23}a_z)]$$

$$\text{theta5}=\text{atan}[2(-oz,nz)]$$

现取给定的 10 组数据中的第五组数据 $\theta_1=-35,\theta_2=60,\theta_3=10,\theta_4=-90,\theta_5=35$ 进行求解验证，用 MATLAB 计算出该组数据下的机器人末端的位姿，末端位姿用矩阵的形式表示：

$$\boldsymbol{T}=\begin{pmatrix}0.3016 & 0.9114 & -0.2802 & 0.7717\\ -0.9114 & 0.3619 & 0.1962 & -0.5403\\ 0.2802 & 0.1962 & 0.9397 & -1.9789\\ 0.0000 & 0.0000 & 0.0000 & 1.0000\end{pmatrix}$$

将末端位姿的数据代入到运动学正解算求得的末端位姿的方程中，计算机器人每个关节的关节角度值。将机器人末端位姿的关系式表达成 MATLAB 识别的形式，并编写成程序进行逆解计算，计算出的关节角度值结果如表 1-4 所示。

表 1-4 运动学逆解算

解组号	θ_1	θ_2	θ_3	θ_4	θ_5
1	−34.997 5	69.090 8	−10.006 7	−79.086 3	144.999 7
2	−34.997 5	59.996 2	10.006 7	−99.099 6	144.999 7
3	−34.997 5	59.996 2	10.006 7	−90.004 9	144.999 7
4	−34.997 5	69.090 8	−10.006 7	−69.991 6	144.999 7

由计算结果可知，根据给定的末端位姿可以求解出多组解，其中一组与给定的值非常接近或是满足加上或减去 π 与给定的初始值接近，将其他几组解代入机器人正运动学方程的正解计算程序中，可以得到相同的位姿，证明运动学逆解的计算是正确的。将求解的运动学方程的解的关系式，代入 MATLAB 软件进行计算，可求出关节变量 θ_1、θ_2、θ_3、θ_4、θ_5 的值。给定一组各个关节角度值求解机器人的运动学正解算，由正解值求解各个关节角度值，可以得到几组不同的关节角度值，这是由于机器人的末端可以以不同的姿态到达同一位姿。由于机器人关节之间具有耦合，关节的变化范围不能达到[−180°,180°]，所以求出的有些解是不能够实现的。

第2章　基于MATLAB的机器人建模

从第1章可知对机器人进行运动学分析与解算的工作量相当大，而且对工作人员的专业要求较高，稍有疏忽就会出错，而MATLAB新开放了Robotics工具箱，可以对各种机器人进行建模，不需要进行第1章的分析计算就能利用工具箱的命令实现机器人运动学分析、仿真等工作。

2.1　模型的建立

根据对机器人的D-H参数法和运动学分析，已知机器人的D-H转换矩阵，首先使用机器人工具箱Robotics Toolbox对机器人的每个关节进行构建，关节的构建用Link函数，L=Link([d alpha a offset Sigma])。其中，alpha代表α为轴线旋转角，a为关节长度，$a_2=0.6$ m，$a_3=0.5$ m，theta代表θ为关节角，d为偏置，所有关节均没有偏置，故$d=0$，Sigma=0表示只有转动关节。用SerialLink函数将每个关节连接起来，组成机器人结构模型，程序如下：

```
L(1) = Link([0 0 0 - pi/2 0]);
L(2) = Link([0 0 0.6 0 0]);
L(3) = Link([0 0 0.5 0 0]);
L(4) = Link([0 0 0 pi/2 0]);
L(5) = Link([0 0 0 0 0]);
h = SerialLink(L, 'name', 'fivelink');
h
qz = [0 0 0 0 0]
qn = [pi/2 - pi/12 pi/6 pi/12 0]
```

其中，L(1)、L(2)、L(3)、L(4)、L(5)为各个关节的模型构建，h为创建的机器人对象，qz为各关节初始位移，qn为各关节终止位移。

根据机器人模型的建立，用MATLAB软件中的plot图形演示，可以得到机械臂的结构模拟图。其中，当给定的各关节终止位移qn与各关节初始位移qz完全一致时，机械臂处于未转动状态，各个关节都为初始位移，得到的机械臂的结构图〔图2-1(a)〕为机械臂的初始位姿图；当qn=[pi/2−pi/12 pi/6 pi/12 0]时，得到的机械臂的结构图〔图2-1(b)〕为机械臂各个关节转动一定角度的末端位姿图。图2-1所示为机器人模型所仿真出来的机械臂的初始位姿图和终止位姿图。

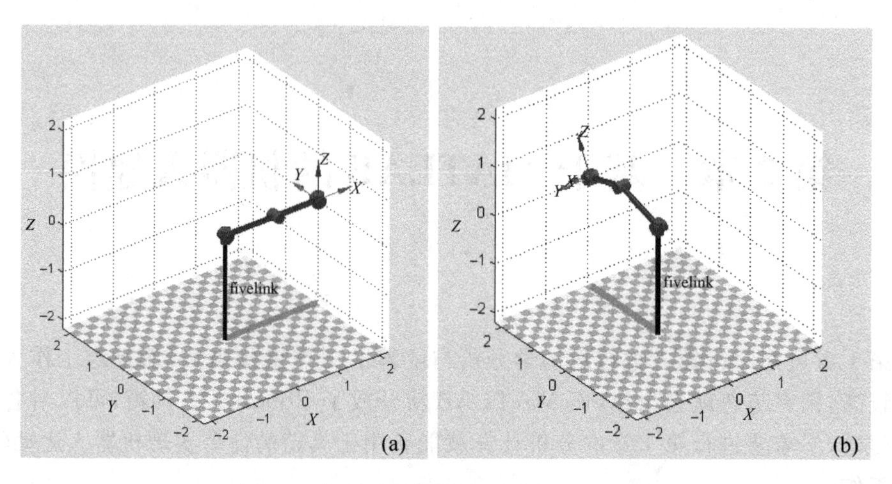

图 2-1 机械臂初始位姿图和终止位姿图

2.2 基于 Robotics 工具箱的运动学解算

将表 1-2 给定的 10 组关节角度值代入 MATLAB 机器人工具箱 Robotics Toolbox 中的 fkine 函数，求解机械臂的末端位姿。fkine 函数的调用格式为：T＝fkine(h，qz)。其中，h 是建立的 5 自由度的机器人的单机械臂对象，qz 为给定的各关节初始位移，T 为机械臂根据初始位移求解出的末端位姿的矩阵。根据计算得出 10 组机器人末端工具的位置值如表 2-1 所示。

表 2-1 用 fkine 函数计算的机器人末端位置正解结果

组　号	X/m	Y/m	Z/m
1	2.200 0	0	0
2	2.035 9	0.359 0	0.068 4
3	0.118 4	−0.205 1	2.112 4
4	1.189 4	1.189 4	−1.366 0
5	0.771 7	−0.540 3	−1.978 9
6	1.808 3	−1.044 0	−0.631 0
7	0.000 0	2.005 2	0.341 2
8	0.708 8	−1.947 4	0.333 5
9	1.684 8	−0.785 6	0.429 3
10	2.035 9	−0.359 0	−0.068 4

将根据正运动学方程计算得出的运动学正解结果(表 1-3)与 MATLAB 软件 fkine 函数计算得出的正解结果(表 2-1)作对比，发现两表的值完全相同，由此可以看到 Robotics 工具箱的便捷。用 MATLAB 软件的 ikine 函数能直接进行运动学逆解算，在后面的章节中会分析。

第3章　机器人轨迹规划

机器人工作时，已知机器人各关节的初始位置便可以根据机器人的正运动学方程求解出机器人末端执行器的末端位姿。知道机器人末端执行器的初始位姿和末端位姿就可以规划出机器人从初始位姿达到期望位姿的轨迹。由前面的计算已知机器人的初始位姿和末端位姿，由机械臂末端执行器的末端位姿可以得到机械臂末端执行器的空间轨迹。MATLAB中机器人工具箱 Robotics Toolbox 对机器人末端执行器运动的轨迹规划有关节空间运动和笛卡儿空间运动两种。

3.1　关节空间运动规划

首先在关节空间中对机器人末端轨迹进行规划，关节空间运动轨迹规划用函数 jtraj 来表示，函数 jtraj 的调用格式为[qq dq dd]=jtraj(qz,qn,t)，从 qz 到 qn 的两个位姿之间进行平滑插值，就可得到一个关节空间轨迹，q、qd、qdd 分别为规划的位移、速度和加速度，t 为时间。图 3-1 为机器人末端执行器的关节空间轨迹。

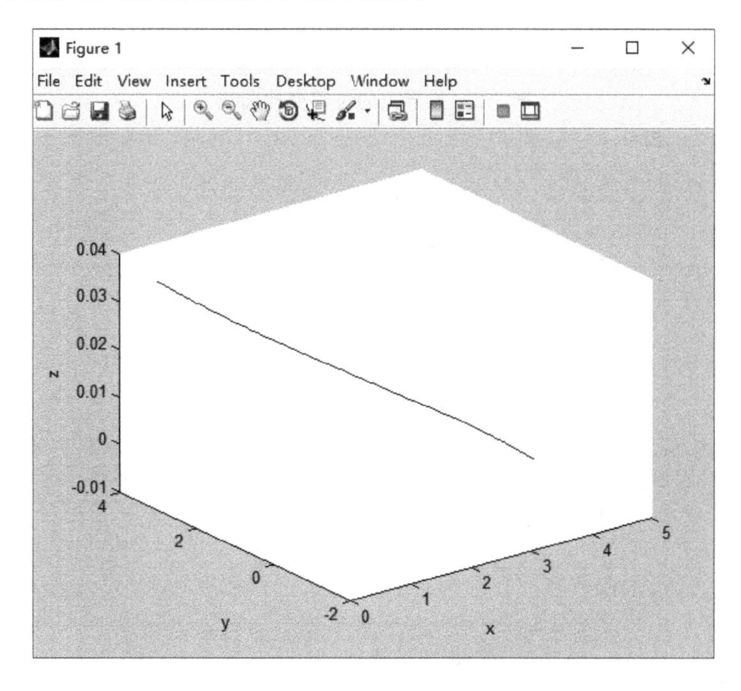

图 3-1　机器人末端执行器的关节空间轨迹

下面是绘制机械臂末端运动的空间轨迹的程序调用(具体程序见附录 2)：

```
m = squeeze(T(:,4,:) );  % 末端执行器坐标的变化曲线
plot(t,squeeze(T(:,4,:)));  % 绘制机械臂末端执行器的空间轨迹
u = T(1, 4,:); v = T(2,4,:);w = T(3,4,:);
x = squeeze(u); y = squeeze(v); z = squeeze(w);
plot3(x,y,z);
```

在对机器人的末端工具运动轨迹进行规划后，可得到机器人的各个关节位移、速度和加速度变化曲线。在附录 1 中给出了每个关节的位移、速度和加速度的程序，在本章中只以关节 1 为例，列出关节 1 的位移、速度和加速度的变化曲线，其他关节的变化曲线用同样的程序可得到，本章就不予一一列出。图 3-2、图 3-3 和图 3-4 分别为关节 1 的位移、速度和加速度变化曲线。

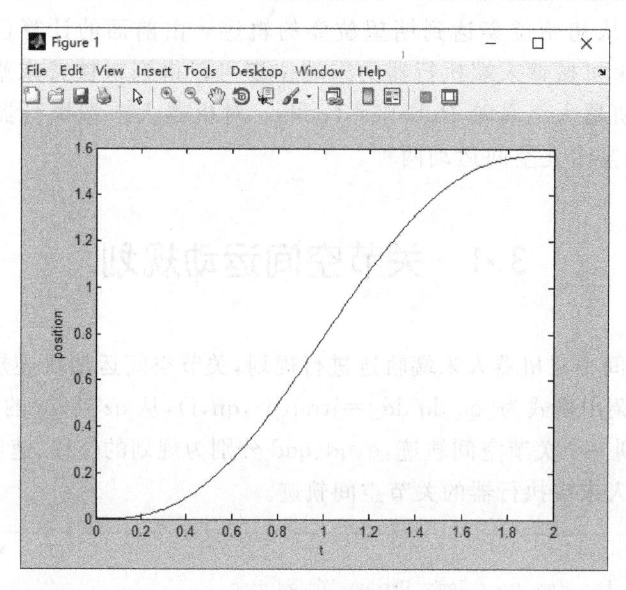

图 3-2　关节 1 的位移变化曲线

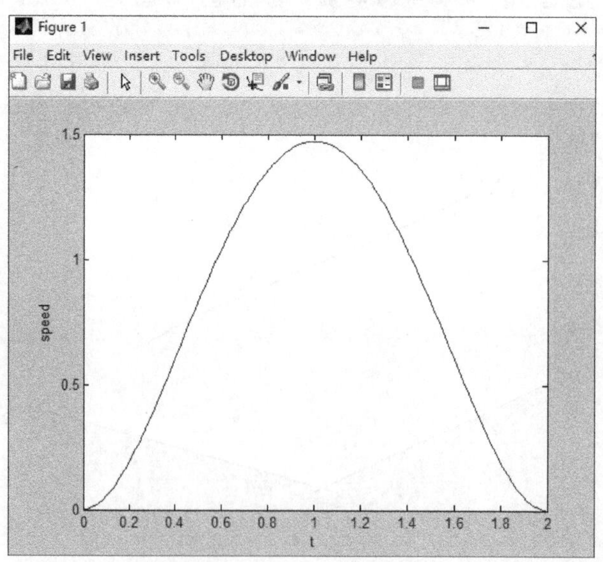

图 3-3　关节 1 的速度变化曲线

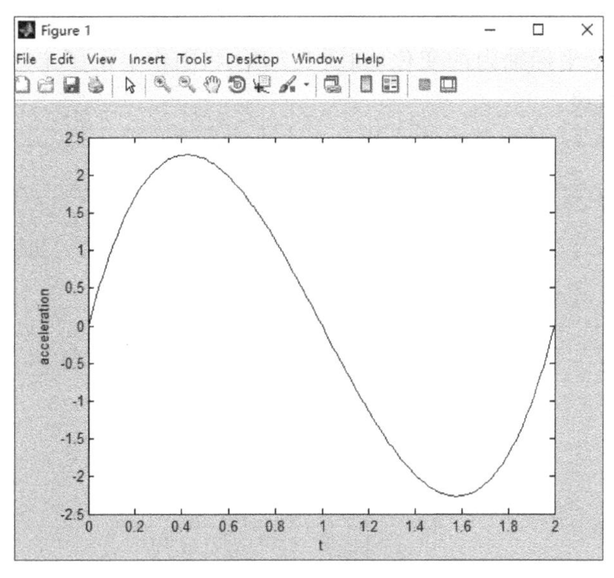

图 3-4　关节 1 的加速度变化曲线

3.2　笛卡儿空间运动规划

对机械臂末端轨迹进行规划有两种方法，前面用关节空间运动规划对机器人的末端轨迹进行规划，下面用笛卡儿空间运动规划对机械臂的末端轨迹进行规划。笛卡儿空间运动轨迹规划用函数 ctraj 表示，函数 ctraj 的用法和函数 jtraj 很相似，函数 ctraj 的调用格式为“T10＝ transl(4,－0.5,0) * troty(pi/6);T11＝ transl(4,－0.5,－2) * troty(pi/6);Ts＝ctraj(T10,T11,length(t))”，transl 代表矩阵中的平移变量，troty 代表矩阵中的旋转变量，T10 和 T11 分别代表初始和末端的位姿。轨迹规划的程序见附录 3。

考虑机器人末端工具在两个坐标系之间的移动，首先根据运动学的正解算，计算出机器人末端工具的位置和姿态，然后根据初始位姿和末端位姿来对机器人的末端轨迹进行规划。下面是机器人末端的坐标变化：

```
T10 = transl(4, - 0.5,0) * troty(pi/6)
T11 = transl(4, - 0.5, - 2) * troty(pi/6)
```

利用函数 ctraj 来对机器人的末端轨迹进行图形演示，函数 ctraj 的调用方法为：

```
Ts = ctraj(T10, T11, length(t))
plot(t, transl(Ts)) % 图形演示
plot(t, tr2rpy(Ts)) % 图形演示
```

第一个演示的图形如图 3-5 所示，为末端执行器从初始位姿到末端位姿坐标系平移的变化。其中 a 线代表的是坐标系中的 x 轴的变化，b 线代表的是坐标系中的 y 轴的变化，c 线代表的是坐标系中的 z 轴的变化。

第二个演示的图形如图 3-6 所示，为末端执行器从初始位姿到插管手术的末端位姿坐标系旋转的变化。a 线和 b 线分别代表 y 轴和 z 轴的旋转变化。

根据附录 4 中的程序可以得到机器人末端执行器从初始位姿到末端位姿的空间轨迹的规划图形投影到 xOy 坐标轴内的变化，如图 3-7 所示，图中显示了末端执行器在 x、y、z 坐标内随时间的变化曲线。

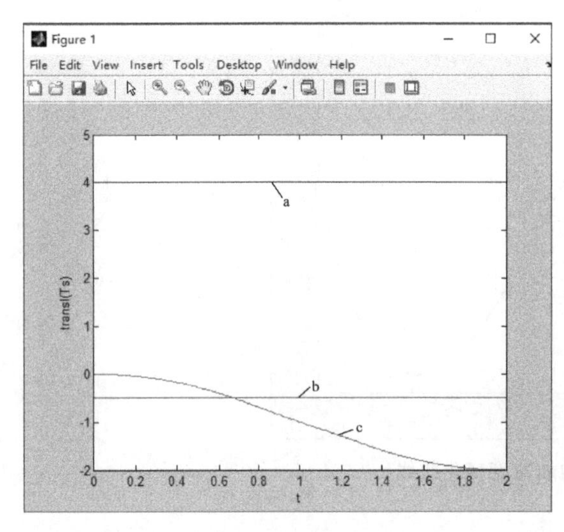

图 3-5 末端执行器坐标系平移变化

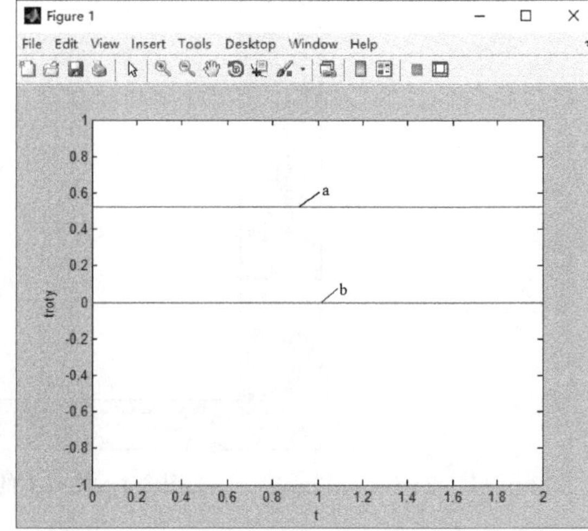

图 3-6 末端执行器坐标系旋转变化

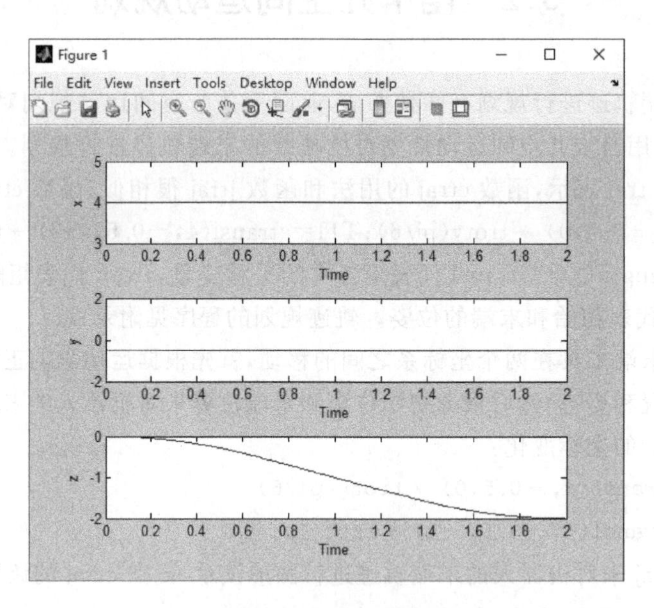

图 3-7 机器人末端执行器的空间轨迹

通过对机器人机械臂末端运动轨迹的规划，不仅得到了空间轨迹，还得到了任意关节的角位移、角速度和角加速度。从图 3-1 可以看出机械臂末端的空间运动轨迹。从图 3-2、图 3-3、图 3-4 可以看出，关节 1 的位移、速度、加速度随时间的变化曲线都连续缓和。其他关节的位移、速度、加速度也可以用同样的方法得到，本章不将关节 2、关节 3、关节 4、关节 5 的位移、速度、加速度随时间变化的曲线一一列出。从图 3-5 和图 3-6 可以分别看出末端执行器坐标系的平移变化和旋转变化。从图 3-7 可以看出末端执行器的位姿在 x、y、z 坐标内随时间的变化。由此可知，机械臂的各关节运动平稳，可满足设计要求。

第 4 章　时间最优的轨迹规划方法

轨迹优化是指已知机械臂末端的起始点和终止点，机械臂末端从起始点运动到终止点有许多的路径，在这些路径中选择一个速度和时间均最优的路径。目前的轨迹优化主要有时间优化和能量优化两种，其中时间优化在轨迹优化中是应用最广的，本章是基于粒子群优化算法（PSO）对机器人的轨迹进行的时间优化。

4.1　多项式插值算法

4.1.1　三次多项式的插值算法

为了使机器人的运动更加平稳，降低应力水平，减少能量消耗，在起始点和终止点之间设置多个路径点，将关节角之间的变换看成关于时间的函数 $\theta(t)$，使该函数依次通过各个路径点。列出关于 $\theta(t)$ 的三次多项式：

$$\theta(t)=a_0+a_1t+a_2t^2+a_3t^3 \tag{4-1}$$

由于机器人初始和结束的速度为 0，初始和末端条件是：

$$\begin{cases}\theta(0)=\theta_0\\ \theta(t_f)=\theta_f\\ \dot{\theta}(0)=0\\ \dot{\theta}(t_f)=0\end{cases} \tag{4-2}$$

其中 t_f 表示结束时间。运动轨迹上的关节速度和加速度则为：

$$\begin{cases}\dot{\theta}(t)=a_1+2\dot{a}_2t+3a_3t^2\\ \ddot{\theta}(t)=2a_2+6a_3t\end{cases} \tag{4-3}$$

将初始和末端条件代入式(4-1)、式(4-3)得：

$$\begin{cases}\theta_0=a_0\\ \theta_f=a_0+a_1t+a_2t^2+a_3t^3\\ 0=a_1\\ 0=a_1+2\dot{a}_2t+3a_3t^2\end{cases} \tag{4-4}$$

求解上述线性方程组可得：

$$\begin{cases} a_0=\theta_0 \\ a_1=0 \\ a_2=\dfrac{3}{t_f^2}(\theta_f-\theta_0) \\ a_3=-\dfrac{2}{t_f^3}(\theta_f-\theta_0) \end{cases} \tag{4-5}$$

所以，三次多项式插值函数表示为：

$$\theta(t)=\theta_0+\frac{3(\theta_f-\theta_0)}{t_f^2}t^2-\frac{2(\theta_f-\theta_0)}{t_f^3}t^3 \tag{4-6}$$

4.1.2 过路径点的三次多项式插值算法

过路径点的三项插值计算是由三次多项式插值计算演化出来的，把路径点看作“起始点”或“终止点”，通过运动学逆解算得到相应的关节矢量值。在这里“起始点”和“终止点”并不是真正的起始点和终止点，此时关节运动速度不等于 0。

速度约束条件为：

$$\begin{cases} \dot\theta(0)=\dot\theta_0 \\ \dot\theta(t_f)=\dot\theta_f \end{cases} \tag{4-7}$$

三次多项式的 4 个方程为：

$$\begin{cases} \theta_0=a_0 \\ \theta_f=a_0+a_1t_f+a_2t_f^2+a_3t_f^3 \\ \dot\theta_0=a_1 \\ \dot\theta_f=a_1+2a_2t_f+3a_3t_f^2 \end{cases} \tag{4-8}$$

求解以上线性方程组可得：

$$\begin{cases} a_0=\theta_0 \\ a_1=\dot\theta_0 \\ a_2=\dfrac{3}{t_f^2}(\theta_f-\theta_0)-\dfrac{2}{t_f}\dot\theta_0-\dfrac{1}{t_f}\dot\theta_f \\ a_3=-\dfrac{2}{t_f^3}(\theta_f-\theta_0)-\dfrac{1}{t_f^2}(\dot\theta_0+\dot\theta_f) \end{cases} \tag{4-9}$$

4.1.3 五次多项式的插值算法

对于约束条件多、要求严格的运动轨迹，尤其在要求加速度控制时，三次多项式已不能满足要求，要想得到满足加速度条件的运动轨迹，就需要用五次多项式进行插值计算，五次多项式为：

$$\theta(t)=a_0+a_1t+a_2t^2+a_3t^3+a_4t^4+a_5t^5 \tag{4-10}$$

多项式的系数必须满足 6 个约束条件：

$$\begin{cases}\theta_0=a_0\\ \theta_f=a_0+a_1t_f+a_2t_f^2+a_3t_f^3+a_4t_f^4+a_5t_f^5\\ \dot{\theta}_0=a_1\\ \dot{\theta}_f=a_1+2a_2t_f+3a_3t_f^2+4a_4t_f^3+5a_5t_f^4\\ \ddot{\theta}_0=2a_2\\ \ddot{\theta}_f=2a_2+6a_3t_f+12a_4t_f^2+20a_5t_f^3\end{cases}\tag{4-11}$$

解上述方程组得：

$$\begin{cases}a_0=\theta_0\\ a_1=\dot{\theta}_0\\ a_2=\dfrac{\ddot{\theta}_0}{2}\\ a_3=\dfrac{20\theta_f-20\theta_0-(8\dot{\theta}_f+12\dot{\theta}_0)t_f-(3\ddot{\theta}_0-\ddot{\theta}_f)t_f^2}{2t_f^3}\\ a_4=\dfrac{30\theta_0-30\theta_f+(14\dot{\theta}_f+16\dot{\theta}_0)t_f+(3\ddot{\theta}_0-2\ddot{\theta}_f)t_f^2}{2t_f^4}\\ a_5=\dfrac{12\theta_f-12\theta_0-(6\dot{\theta}_f+6\dot{\theta}_0)t_f-(\ddot{\theta}_0-\ddot{\theta}_f)t_f^2}{2t_f^5}\end{cases}\tag{4-12}$$

4.2　多项式插值函数的构造

为了保障需求，假定插管手术机器人经过两个中间路径点，此时已知机器人的起始点、终止点及中间的两个路径点，通过逆运动学方程求解得到各个关节在 4 个插值点处的关节角度，用θ_{ij}表示关节 i 插值的角度，其中 i 表示关节数($i=1,2,3,4,5$)，j 代表插值点的序号($j=1,2,3,4$)。

第 i 关节 3-5-3 样条多项式的通式为：

$$\begin{cases}l_{j1}(t)=a_{j13}t^3+a_{j12}t^2+a_{j11}t+a_{j10}\\ l_{j2}(t)=a_{j25}t^5+a_{j24}t^4+a_{j23}t^3+a_{j22}t^2+a_{j21}t+a_{j20}\\ l_{j3}(t)=a_{j33}t^3+a_{j32}t^2+a_{j31}t+a_{j30}\end{cases}\tag{4-13}$$

式中$l_{j1}(t)$，$l_{j2}(t)$，$l_{j3}(t)$分别代表 3-5-3 样条多项式的轨迹，根据多次多项式的约束条件，求解多项式中的未知系数 a，根据约束条件和约束边界可以列出矩阵 $\mathbf{A}$，如式(4-14)，由矩阵表达式可以看出约束条件和约束边界只与时间 t 有关。系数 a 的值可以根据关系式(4-14)、式(4-15)、式(4-16)求得。式(4-14)的t_1，t_2，t_3分别表示第 i 关节的 3 段多项式插值的时间，式(4-15)表示关节角的位移矩阵，式(4-16)即系数 a 的求解方程式。其中，x_{ji}表示第 i 个关节第 j 段插值的位移，已知第 i 个关节各段的初始点x_{j0}、两个路径点x_{j1}和x_{j2}、终止点x_{j3}的位移，路径点之间的位移、速度和加速度连续以及初始点和终止点的速度(一般为 0)、加速度。

$$\boldsymbol{A}=\begin{pmatrix} t_1^3 & t_1^2 & t_1 & 1 & 0 & 0 & 0 & 0 & 0 & -1 & 0 & 0 & 0 & 0 \\ 3t_1^2 & 2t_1 & 1 & 0 & 0 & 0 & 0 & 0 & -1 & 0 & 0 & 0 & 0 & 0 \\ 6t_1 & 2 & 0 & 0 & 0 & 0 & 0 & -2 & 0 & 0 & 0 & 0 & 0 & 0 \\ 0 & 0 & 0 & 0 & t_2^5 & t_2^4 & t_2^3 & t_2^2 & t_2 & 1 & 0 & 0 & 0 & -1 \\ 0 & 0 & 0 & 0 & 20t_2^3 & 12t_2^2 & 6t_2 & 2 & 0 & 0 & 0 & -2 & 0 & 0 \\ 0 & 0 & 0 & 0 & 0 & 0 & 0 & 0 & 0 & 0 & t_3^3 & t_3^2 & t_3 & 0 \\ 0 & 0 & 0 & 0 & 0 & 0 & 0 & 0 & 0 & 0 & 3t_3^2 & 2t_3 & 1 & 0 \\ 0 & 0 & 0 & 0 & 0 & 0 & 0 & 0 & 0 & 0 & 6t_3 & 2 & 1 & 0 \\ 0 & 0 & 0 & 0 & 0 & 0 & 0 & 0 & 0 & 0 & 0 & 0 & 0 & 0 \\ 0 & 0 & 0 & 1 & 0 & 0 & 0 & 0 & 0 & 0 & 0 & 0 & 0 & 0 \\ 0 & 0 & 1 & 0 & 0 & 0 & 0 & 0 & 0 & 0 & 0 & 0 & 0 & 0 \\ 0 & 1 & 0 & 0 & 0 & 0 & 0 & 0 & 0 & 0 & 0 & 0 & 0 & 0 \\ 0 & 0 & 0 & 0 & 0 & 0 & 0 & 0 & 0 & 0 & 0 & 0 & 0 & 0 \\ 0 & 0 & 0 & 0 & 0 & 0 & 0 & 0 & 0 & 1 & 0 & 0 & 0 & 0 \end{pmatrix} \tag{4-14}$$

$$\boldsymbol{\theta}=[0\ 0\ 0\ 0\ 0\ 0\ x_{j3}\ 0\ 0\ x_{j0}\ 0\ 0\ x_{j2}\ \ x_{j1}]^{\mathrm{T}} \tag{4-15}$$

$$\boldsymbol{a}=\boldsymbol{A}^{-1}\boldsymbol{\theta}=[a_{j13}\ a_{j12}\ a_{j11}\ a_{j10}\ a_{j25}\ a_{j24}\ a_{j23}\ a_{j22}\ a_{j21}\ a_{j21}\ a_{j33}\ a_{j32}\ a_{j31}\ a_{j30}]^{\mathrm{T}} \tag{4-16}$$

4.3 基于 PSO 求解时间最优问题

粒子群优化算法是一种基于群体智能的全局优化算法，它是受鸟类群体捕食过程中的个体之间的相互协作的启发，而发明的一种新的轨迹优化算法。

在 PSO 中，把待求解的问题看作搜索空间的粒子，每个粒子都有一个位置属性(x_i)和速度属性(v_i)，位置属性决定粒子所处的位置，速度属性决定粒子飞行的方向和距离。所有粒子都有一个由被优化的函数所决定的适应值，通过粒子们适应度的变化来追寻最优。

在粒子群优化算法中随机给出一群粒子，通过循环迭代寻求最优解，在每次迭代过程中，粒子通过跟踪两个“位置”来更新自己，第一个“位置”是微粒 i 本身目前所经历的最好位置，为p_{i}，第二个“位置”是群体微粒目前所经历的最好位置，为p_{g}。在未找到两个最优解时，粒子根据式(4-17)、式(4-18)来更新自己的速度和位置。

$$v_{id}^{k+1}=w\times v_{id}^{k}+c_1\times r_1\times(p_{id}-x_{id}^{k})+c_2\times r_2\times(p_{gd}-x_{id}^{k}) \tag{4-17}$$

$$x_{id}^{k+1}=x_{id}^{k}+v_{id}^{k+1} \tag{4-18}$$

其中，惯性权重 w 的求解公式为 $w=W_{\max}-i(W_{\max}-W_{\min})/N_{\max}$，$W_{\max}=0.9$ 为最大惯性权重，$W_{\min}=0.4$ 为最小惯性权重，$N_{\max}=50$ 为最大迭代数目，i 为迭代次数，d 表示设计参数的维度，$c_1=2$ 与 $c_2=2$ 为学习因子，r_1 与 r_2 为[0,1]之间随机任意值，各个粒子的位置 $x_{id}\in[-x_{\max},x_{\max}]$，各个粒子的速度$v_{id}\in[-v_{\max},v_{\max}]$，任何随机产生的粒子的$x_{id}$和$v_{id}$都要符合该约束条件，如果随机产生的粒子的$x_{id}$和$v_{id}$不符合约束条件，就用边界值进行替代。式(4-17)为粒子的速度更新函数，右边第一部分是之前的速度乘以惯性权重，第二部分为微粒自身位置的优化，第三部分为微粒在全局中的位置优化。式(4-18)为粒子的位置更新函数。

如果将多项式的系数看作待寻优量，则根据式(4-14)可以得到时间变量 t，如果直接选择在时间变量 t 搜索空间进行优化，可以将维数降低，大大减小了粒子群寻优的复杂性和困难性。用粒子群优化方法对机器人末端轨迹进行优化,这时的搜索空间维数为 3,轨迹优化的最终目标是在满足运动学约束的条件下,所有关节运动的时间最短。其适应度函数为:

$$f(t)=\min(t_{i1}+t_{i2}+t_{i3}) \tag{4-19}$$

$$\max\{|v_{ij}|\}\leqslant v_{ij\max} \tag{4-20}$$

v_{ij} 和 $v_{ij\max}$ 分别是第 i 个关节的实时速度和最大限制速度。利用粒子群优化算法可对复杂的约束优化问题进行求解。

利用粒子群优化算法对机器人末端轨迹进行时间最短轨迹优化的方法:首先对机械臂的每个关节进行时间最短优化,然后对优化后的各个关节运动轨迹进行整体优化,从而得到机械臂最终的时间最短轨迹优化路径。

利用粒子群优化算法对机器人第 i 个关节进行时间最优规划,通过粒子群优化循环迭代可以得到每个关节的时间最优轨迹,再把每个关节得到的结果用粒子群优化算法进行优化,可以得到机械臂整体的最优轨迹。图 4-1 为粒子群优化算法对机器人第 i 个关节进行最优时间轨迹规划的程序图。

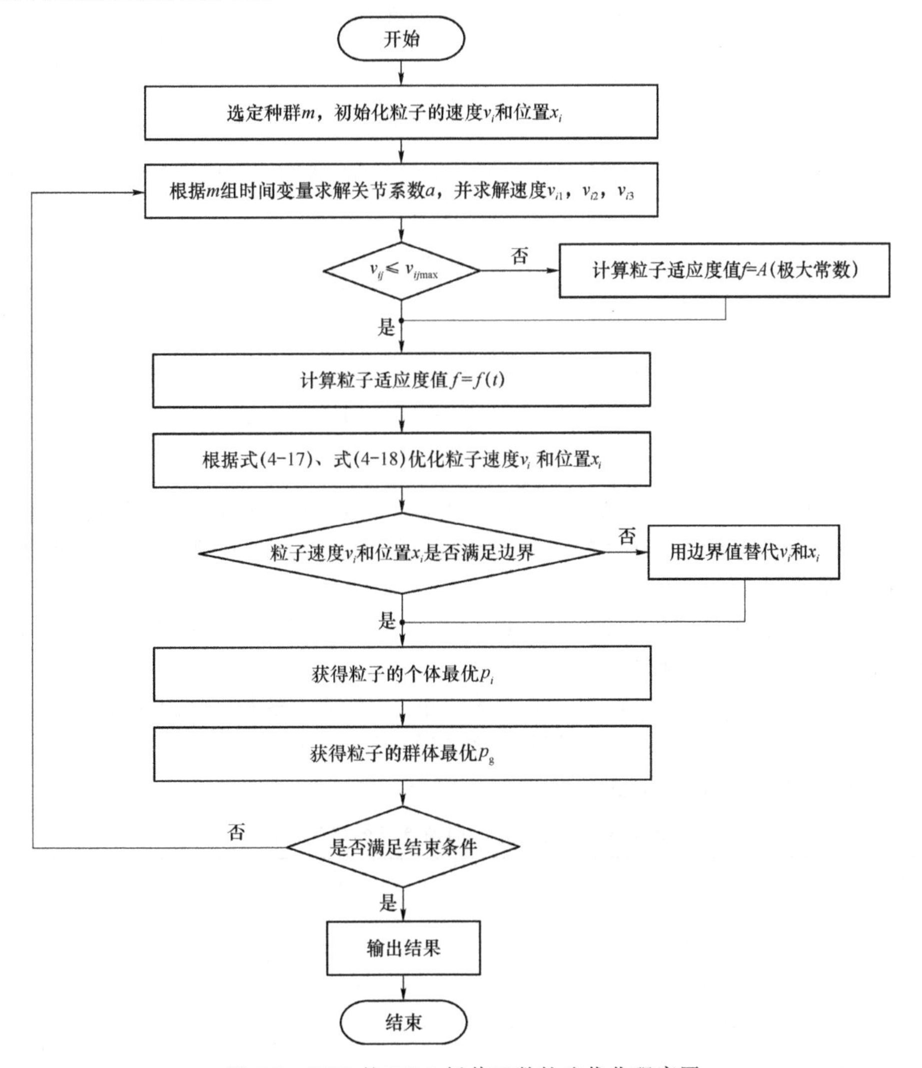

图 4-1　PSO 的 3-5-3 插值函数轨迹优化程序图

4.4 基于 PSO 的仿真与结果分析

4.4.1 机器人的轨迹 PSO 仿真

本节基于第一章的 5 自由度机器人进行位置控制，根据机器人的运动学分析可知，运用运动学逆解算方程可以求得机械臂位置控制和方向控制的各个关节的角度值。已知机器人的期望位姿，在直角坐标系下确定机械臂末端的轨迹几个插值点的位置，根据运动学逆解算方程求解各关节的参数，并将各关节空间笛卡儿位置插值点转化为关节空间的角度插值点。因为第四关节与第五关节位于同一点，所以本书只对前 3 个关节进行插值计算。表 4-1 所示为机械臂末端执行工具路径轨迹的插值点。

表 4-1 笛卡儿空间的路径插值点

起始点	路径点 1	路径点 2	终止点
(0,−800,−400)	(200,−300,−300)	(400,100,−300)	(500,300,−200)

根据运动学逆解算方程可以求得各关节的初始位移、路径点和结束点所对应的角度值，如表 4-2 所示。

表 4-2 关节空间的角度插值点

关　节	θ_{j0}	θ_{j1}	θ_{j2}	θ_{j3}
关节 1	0	−56.309 9	14.036 2	30.963 8
关节 2	0	4.132 8	−1.166 7	−22.551 6
关节 3	0	113.009 8	110.472 3	102.132 1

根据粒子群优化算法，在不同速度的约束下，对关节 1 进行优化，求解最优时间，对群体最优粒子的位置 p_g 进行每次迭代的记录，绘制图形，从而得到不同速度约束下，群体最优粒子的位置 p_g 变化图。

图 4-2 所示分别为关节 1 在速度(−115,115)、(−57,57)、(−20,20)、(−10,10)下的群体最优粒子的位置 p_g 变化图。

通过观察图 4-2 可以得出，在不同速度的约束下，关节 1 的最优粒子位置 p_g 在进行 20 次迭代循环后就开始迅速收敛，收敛值均在给定的速度约束下。关节 1 在 3-5-3 多次多项式插值计算的所需的最短时间为t_{11}、t_{12}、t_{13}，如表 4-3 所示。

表 4-3 关节 1 在不同速度下的最优时间

速度范围/[(°)·s^{-1}]	t_{11}/s	t_{12}/s	t_{13}/s
(−115,115)	1.520 7	0.100 0	0.461 9
(−57,57)	1.035 8	1.769 0	1.098 8
(−20,20)	1.391 9	0.832 3	0.680 6
(−10,10)	2.666 0	0.463 4	1.000 6

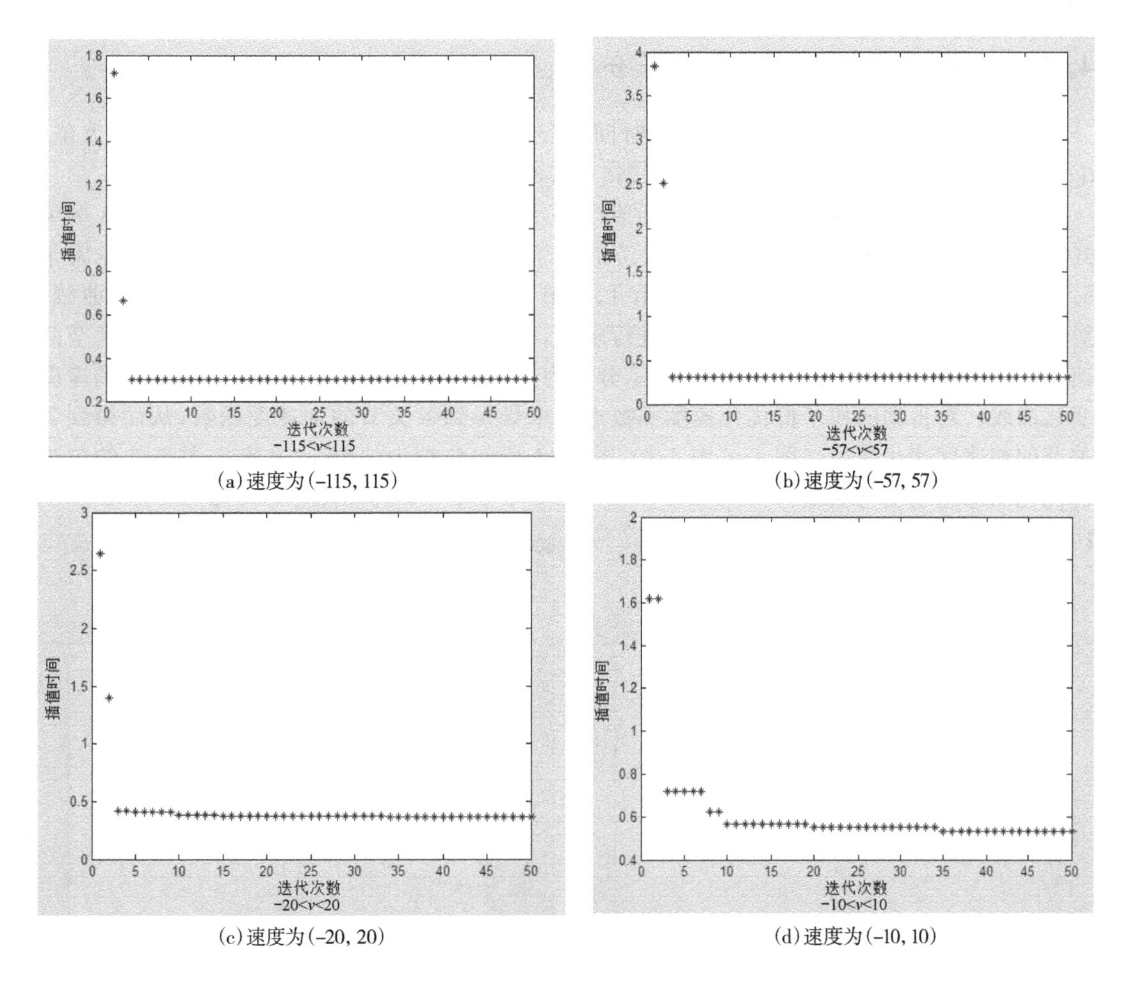

(a)速度为(-115, 115)　(b)速度为(-57, 57)

(c)速度为(-20, 20)　(d)速度为(-10, 10)

图 4-2　关节 1 在不同速度下的最优粒子 p_g 位置的迭代变化

对于其他关节也可用上述方法求解在不同速度约束下的时间最优问题。由于本书研究的是遥操作插管手术机器人，其属于高精度医疗机器人，机械臂的运动速度不能过大，否则会产生极大的振动，影响手术的精度，所以本书以关节速度值在[－20，20]〔单位为(°)/s〕为例，依据关节 1 的优化方法，求解其他各个关节的最短插值时间，如表 4-4 所示。

表 4-4　各关节在速度[－20，20]下的最优时间

关节 i	t_{11}/s	t_{12}/s	t_{13}/s
关节 1	1.391 9	0.832 3	0.680 6
关节 2	0.920 9	0.550 1	1.220 5
关节 3	0.470 3	2.475 7	0.878 5

从表 4-4 中可以看出关节 1、关节 2 和关节 3 的运动与机器人的末端位置有关，在机器人末端位置的运动过程中由于各个关节的长度不同及关节的转动方式不同，故每个关节的运动时间也不相同。

4.4.2 基于 PSO 的仿真结果分析

由于机器人的各个关节是在同一时间进行运动的，所以取每段插值时间的最大值，$t_1=\max\{t_{i1}\}$，$t_2=\max\{t_{i2}\}$，$t_3=\max\{t_{i3}\}$，则$t_1=1.391\,9$，$t_2=2.475\,7$，$t_3=1.220\,5$。

通过粒子群优化算法得到最短的插值时间，在 MATLAB 中进行编程，实现 3-5-3 多项式时间最优轨迹规划，从而得到各个关节的粒子群优化的位移变化曲线，具体程序见附录 5。图 4-3、图 4-4、图 4-5所示分别为关节 1、关节 2、关节 3 的粒子群优化的位移变化曲线。对得到粒子群优化的各关节轨迹函数进行求导，得到各关节的速度函数，从而得到各关节的速度变化曲线，图 4-6、图 4-7、图 4-8 所示分别为关节 1、关节 2、关节 3 的粒子群优化的速度变化曲线。对得到的粒子群优化速度函数进行求导得到各关节的加速度函数，从而得到各关节的加速度变化曲线。图 4-9、图 4-10、图 4-11 所示分别为关节 1、关节 2、关节 3 的粒子群优化的加速度变化曲线。

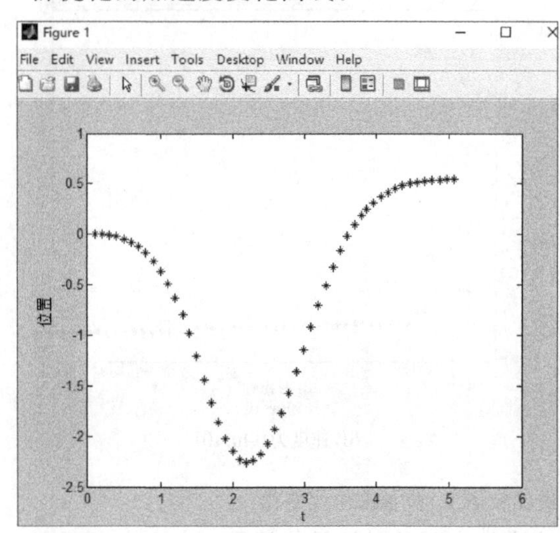

图 4-3 粒子群优化的关节 1 的位移变化曲线

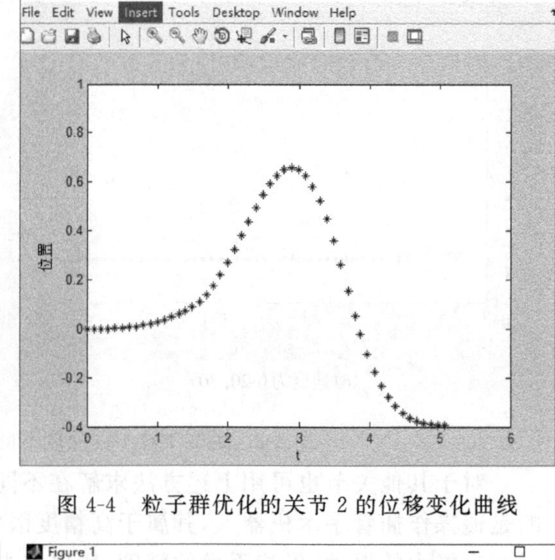

图 4-4 粒子群优化的关节 2 的位移变化曲线

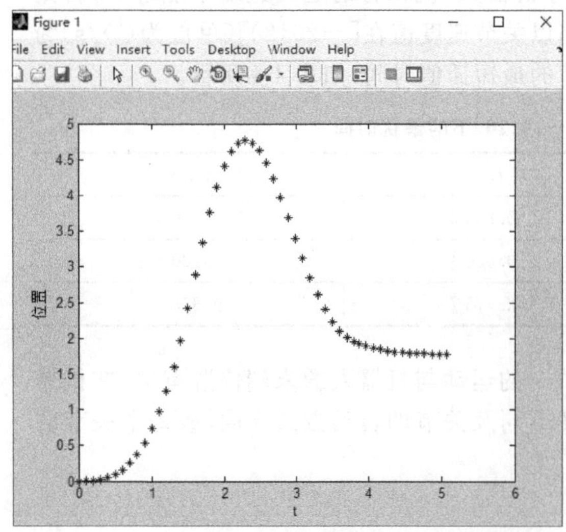

图 4-5 粒子群优化的关节 3 的位移变化曲线

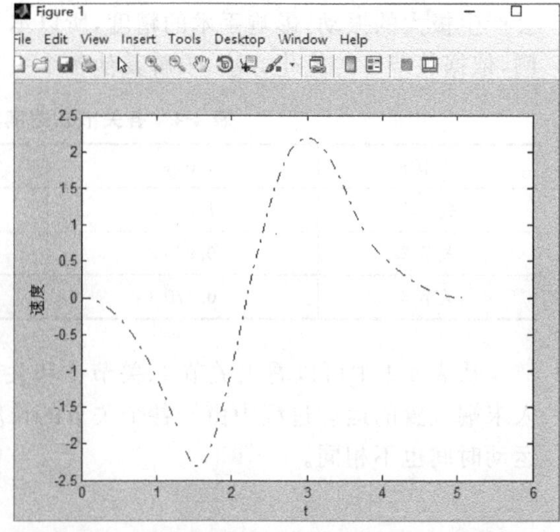

图 4-6 粒子群优化的关节 1 的速度变化曲线

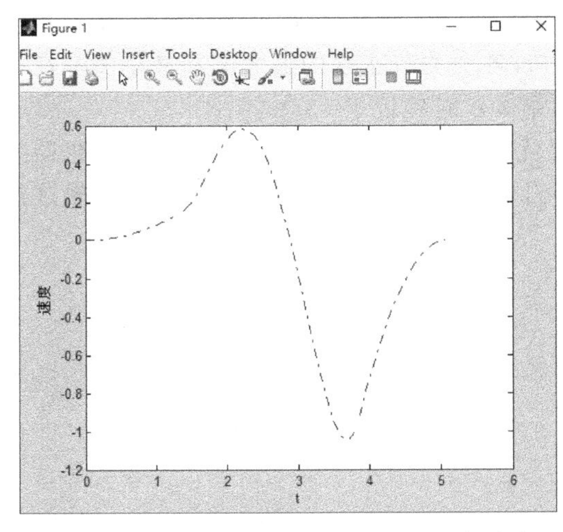

图 4-7　粒子群优化的关节 2 的速度变化曲线

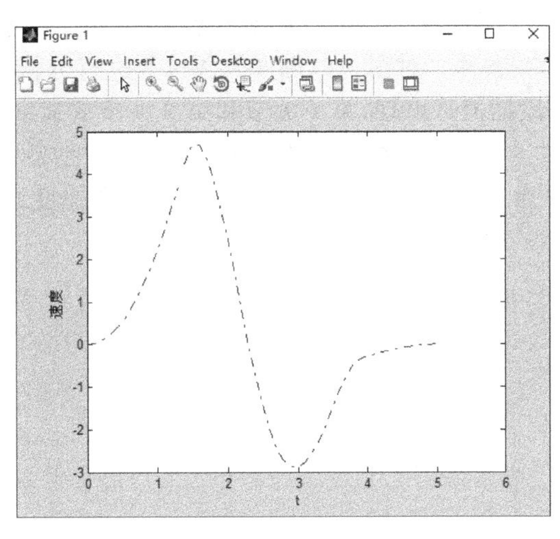

图 4-8　粒子群优化的关节 3 的速度变化曲线

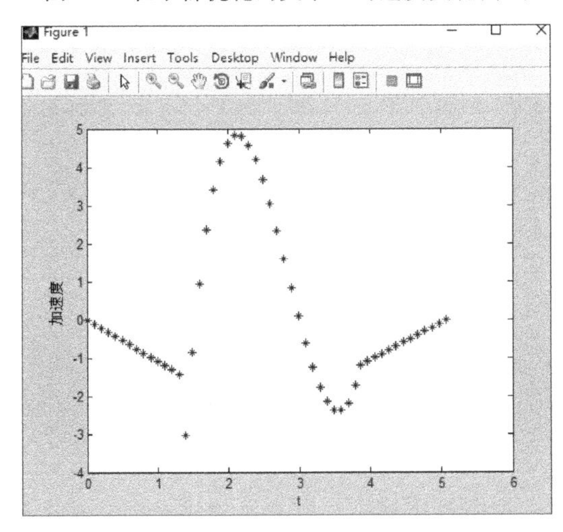

图 4-9　粒子群优化的关节 1 的加速度变化曲线

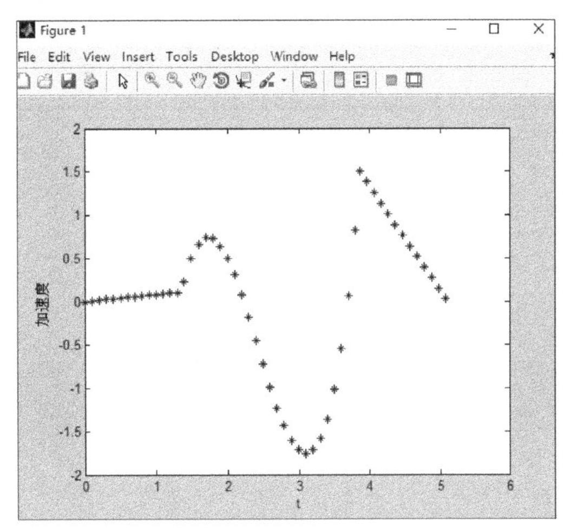

图 4-10　粒子群优化的关节 2 的加速度变化曲线

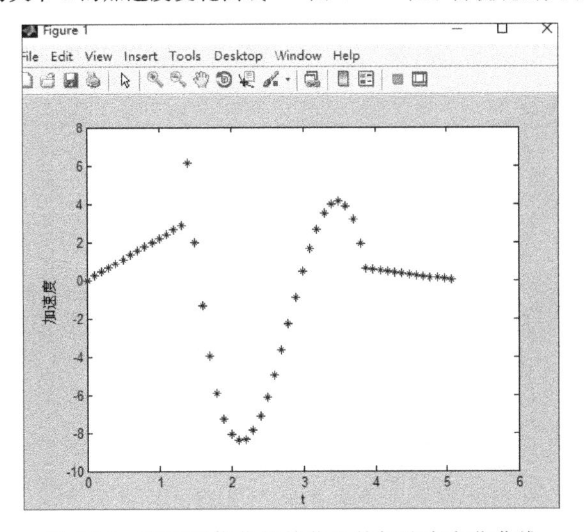

图 4-11　粒子群优化的关节 3 的加速度变化曲线

对图4-3至图4-11进行比较分析可得，各个关节位移、速度、加速度均满足14个运动学约束条件。对图4-6、图4-7、图4-8进行分析可知，各个关节速度的最大值和最小值都在第2段插值时出现，第2关节和第3关节的速度在第2段时趋近于$-v_{max}$。

采用速度约束下的PSO在计算机上离线寻优得出机器人3段插值最优时间，在机器人平台上进行编程实验，实验结果证明了速度约束下的PSO 5自由度机械臂时间最优轨迹规划的可靠性。

第 5 章　码垛机器人的运动规划与仿真

本章以 IRB460 型机器人为研究对象，通过机器人空间位姿的表达和 D-H 矩阵法对机器人的建模，对机器人分别进行了正逆运动学的分析与求解。然后，从关节空间和笛卡儿空间对码垛机器人进行轨迹规划研究。充分利用 MATLAB 软件模拟出单周期的码垛过程，对关节空间和笛卡儿空间内的轨迹规划做出验证分析，并对各关节相关参数进行分析与讨论。最后，借助 RobotStudio 仿真软件对给定任务进行完整的动画仿真，确定方案的可行性。

某包装生产线要对一批产品进行包装运输，产品易碎且数量较多，生产线已经对产品做过装箱处理，箱体质量为 60 kg 左右，形状为 50 cm×40 cm×30 cm 的长方体结构。采用 ABB 公司制造的 IRB460 型机器人实现码垛。IRB460 型机器人的主要功能是用来码垛、拆垛和物料搬运，它具有结构稳定、设计可靠、正常工作时间长、维护费用低的特点。该机器人备有集成式工艺线缆，可以降低磨损，延长使用寿命。并且它是世界上最快的四轴多功能工业机器人，能够明显地缩短各项任务的时间，大幅度提升生产效率。该机器人最远到达距离为 2.4 m，有效承重为 110 kg；在承重 60 kg 的情况下操作次数最高能够达到 2 190 次每小时，比同等情况下的其他机器人快 15%左右。

5.1　码垛机器人模型的建立

机器人的工作空间是我们研究机器人需要考虑的一个重要因素，机器人的工作空间指的是机器人的工作范围，它反映了机器人的工作性能。图 5-1 所示为 IRB460 型机器人的操作空间。

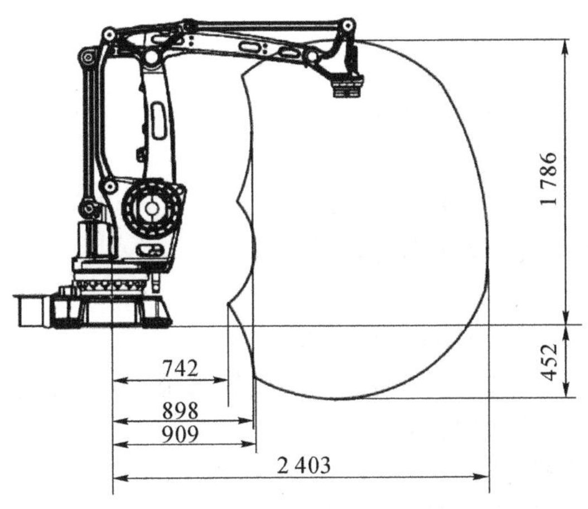

图 5-1　IRB460 型机器人操作空间图

表 5-1 很清楚地给出了各个旋转关节在操作空间内的角度变化范围，对于接下来的轨迹规划研究方便了许多，但是需要注意的一点是，机器人在初始状态各个关节的角度默认是 0°。从图 5-1 中也可以看出机器人执行任务的最远距离为 2 403 mm，最高距离为 1 786 mm。

表 5-1　轴关节工作范围表

轴运动	工作范围
轴 1	−165°～+165°
轴 2	−40°～+85°
轴 3	−20°～+120°
轴 4	−300°～+300°

这里基于 MATLAB Robotics 工具箱对机器人进行建模，并规划出码垛机器人在一个搬运周期内的运动过程，以便更好地利用其他软件对码垛机器人进行搬运仿真。

基于 MATLAB Robotics 工具箱建模时，首先用 Link 函数构建关节，L=Link()。α 为轴线旋转角，a 为关节长度，θ 代表关节角，d 则表示偏置，因为本书使用的机器人所有旋转关节均无偏置，所以 $d=0$，Sigma=1 代表移动关节，Sigma=0 代表旋转关节。最后调用 SerialLink 链接各个连杆关节，就可以得到连杆模型，程序如下：

```
clear
clc
L(1) = Link([0 0 0 - pi/2 0]);
L(2) = Link([0 0 0.6 0 0]);
L(3) = Link([0 0 0.6 0 0]);
L(4) = Link([0 0 0 pi/2 0]);
L(5) = Link([0 0 0 0 0]);
h = SerialLink(L, 'name', 'IRB460');
h
h.n
links = h.links
qz = [0 - pi * 5/6 - pi/3 pi/6 pi];
qr = [0 - pi * 2/3 - pi/3 0 pi];
qs = [pi/3 - pi * 2/3 - pi/3 0 pi * 2/3];
qn = [pi/3 - pi * 5/6 - pi/3 pi/6 pi * 2/3];
h.plot(qz);
xlabel('X(m)');ylabel('Y(m)');zlabel('Z(m)');
```

其中 L(1)、L(2)、L(3)、L(4)、L(5)分别为 5 个旋转关节，qz 为起始抓取位置，qr 为抬起位置，qs 为放置位置上方，qn 为放置位置。

根据所建立的机器人模型，用 MATLAB 软件中的 plot 图形演示，可以得到机器人 4 个不同位置的结构模拟图，如图 5-2、图 5-3、图 5-4 和图 5-5 所示。

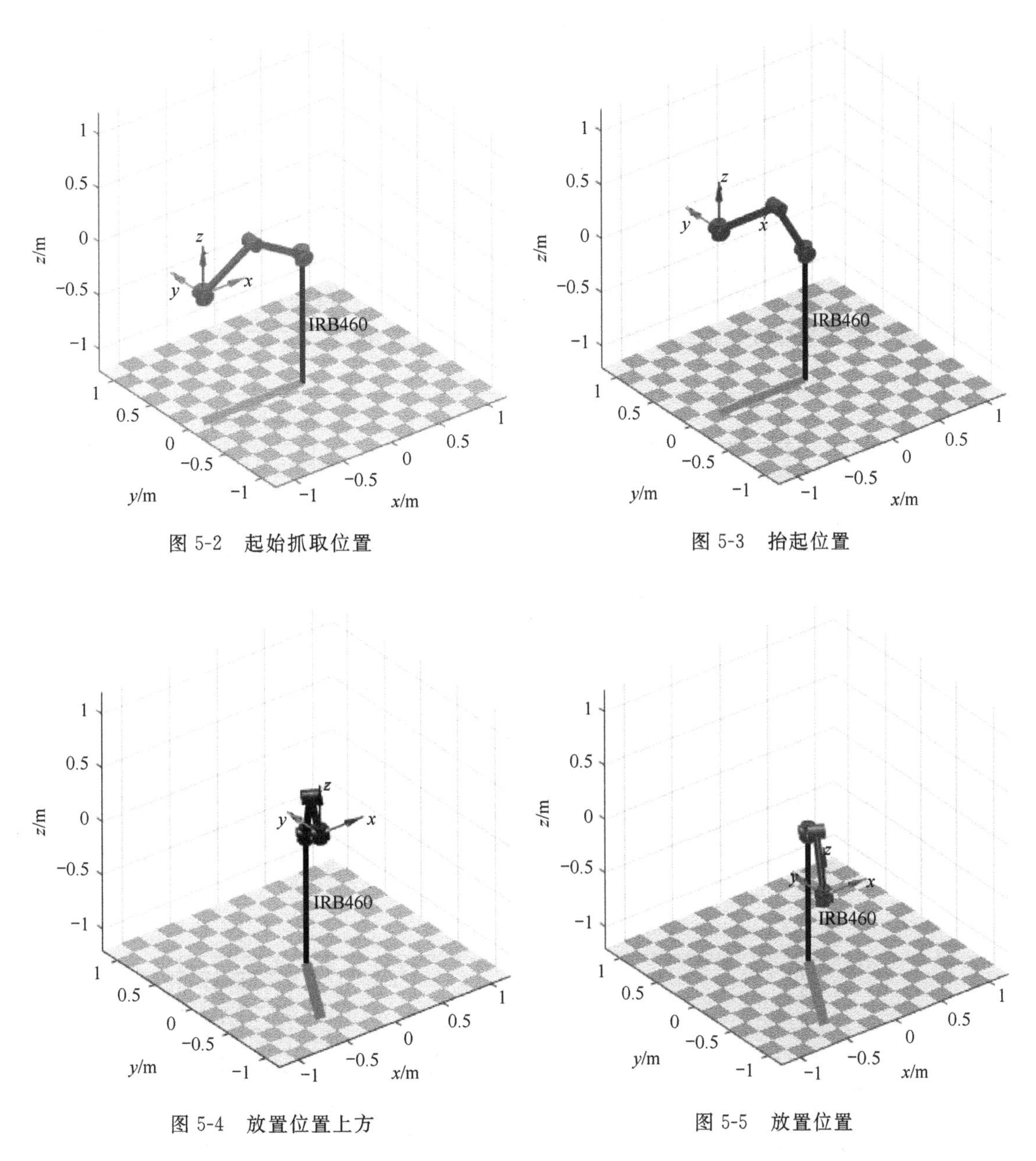

图 5-2　起始抓取位置

图 5-3　抬起位置

图 5-4　放置位置上方

图 5-5　放置位置

这 4 个图简单清晰地展示出了在一个码垛周期内，机器人将货物从传送带上提起运行一段路径至码垛盘上方，再将货物放下的整个过程。借助连杆模型我们能更加方便地对机器人的轨迹规划进行研究。

5.2　基于 MATLAB 的轨迹规划

码垛机器人在代替人类完成搬运任务的过程中，在已知末端连杆起始位置和终止位置时，通过运动学正逆解很容易就能得出每个关节的位移，这也便于对其进行轨迹规划，让机器人按照预期轨迹运动。下面基于 MATLAB 分别对关节空间和笛卡儿空间内的各项参数进行分析。

5.2.1 关节空间

关节空间的轨迹规划是用函数 jtraj 来表示的，函数 jtraj 的调用格式为[q qd qdd]= jtraj(qz,qn,t)，在 qz 到 qn 之间进行平滑插值，我们就可以得到关节空间的轨迹，q、qd、qdd 分别代表规划的位移、速度和加速度。

完成机器人末端关节的轨迹规划，程序见附录 6，我们可以得到机器人的各个关节角位移、角速度和角加速度变化曲线，如图 5-6、图 5-7、图 5-8 所示。

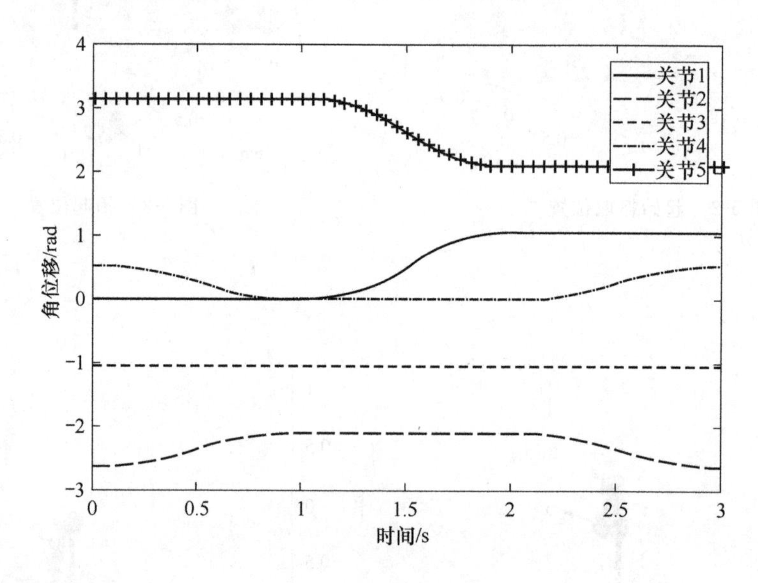

图 5-6 角位移变化曲线

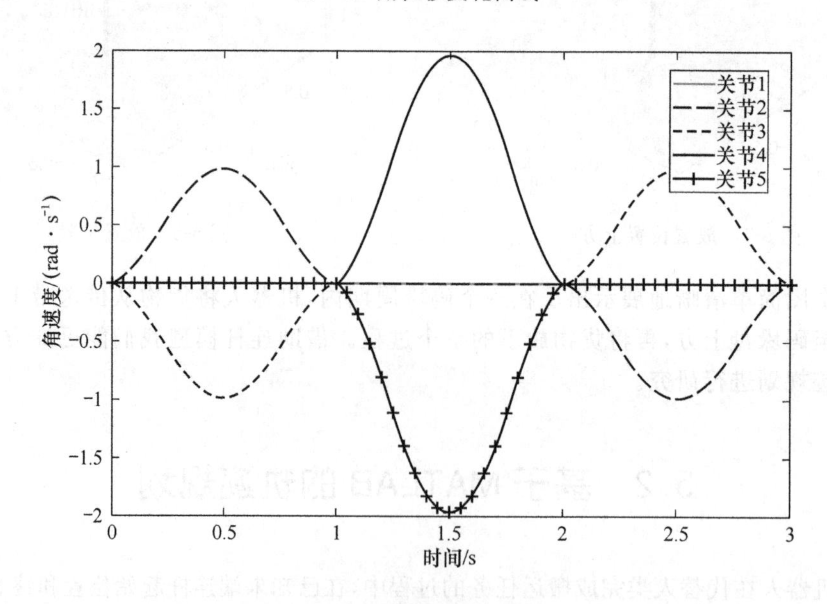

图 5-7 角速度变化曲线

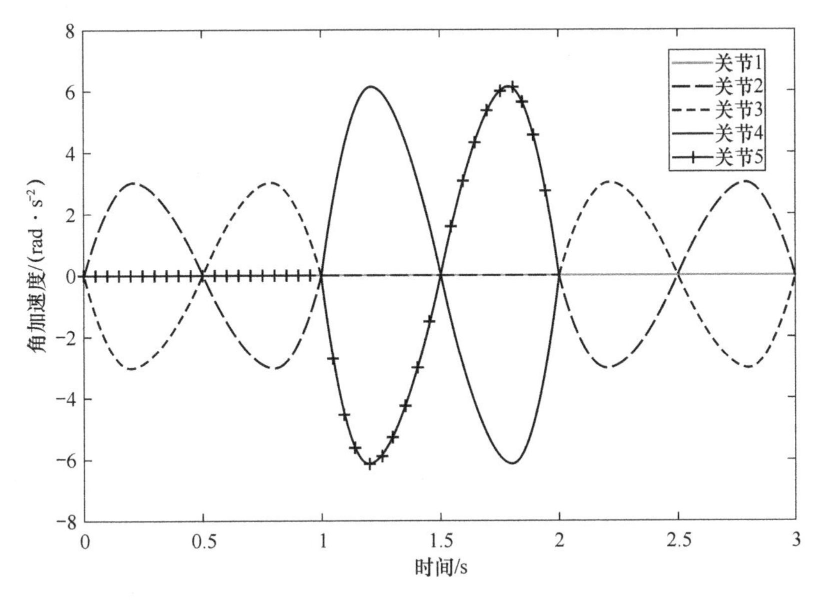

图 5-8　角加速度变化曲线

5.2.2　笛卡儿空间

前面在关节空间内对机器人的末端轨迹进行轨迹规划，下面在笛卡儿空间内对机器人的末端轨迹进行规划，笛卡儿空间运动轨迹规划用函数 ctraj 表示，函数 ctraj 的用法和函数 jtraj 很相似，函数 ctraj 的调用格式：

```
T10 = transl(x1,y1,z1) * troty(w1);
T11 = transl(x2,y2,z2) * troty(w2);
Ts = ctraj(T10,T11,length(t));
```

transl 代表矩阵中的平移变量，troty 代表矩阵中的旋转变量。T10 和 T11 分别代表初始和末端的位姿。

已知机器人末端连杆是在两个坐标系之间移动的，所以先要根据运动学正解求出机器人末端连杆的位姿，然后调用函数 ctraj 来对机器人的末端轨迹进行图形演示，调用程序如下：

```
Ts = ctraj(T10, T11, length(t));
plot(t, transl(Ts));
plot(t, tr2rpy(Ts));
```

在图 5-9 中，显示了末端执行器从初始位置到一个码垛周期完成的坐标系的平移变化。这里面实线指的是坐标系中的 x 轴变化，虚线指的是坐标系中的 y 轴变化，点线指的是坐标系中的 z 轴变化。

在图 5-10 中，显示了末端执行器从初始位置到一个码垛周期完成的末端位置坐标系的旋转变化。虚线和点线两条线则分别表示 y 轴和 z 轴的旋转变化。

附录 7 的程序可以得到机器人末端连杆从起点到终点的空间轨迹映射在 xOy 坐标轴内的变化，在图 5-11 中，显示了末端连杆在 x、y、z 坐标系内随时间的变化曲线。

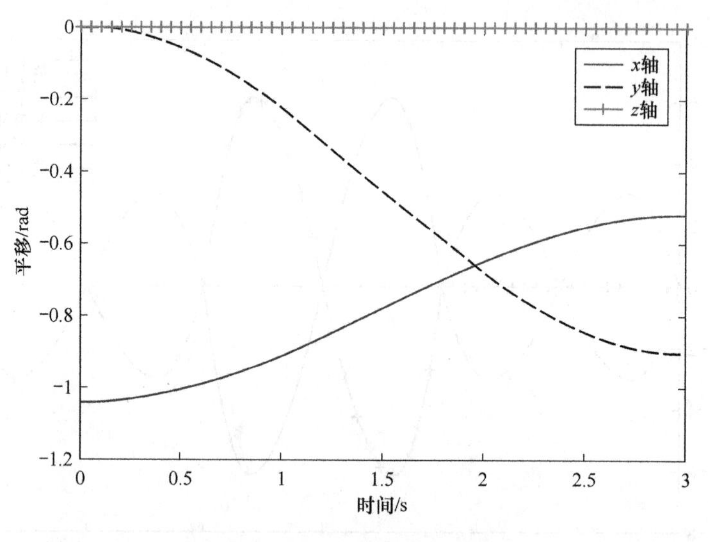

图 5-9　末端连杆平移变化曲线

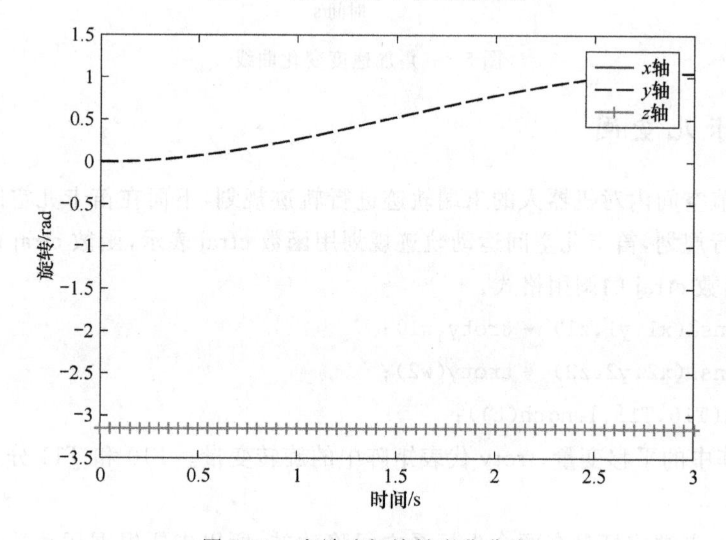

图 5-10　末端连杆旋转变化曲线

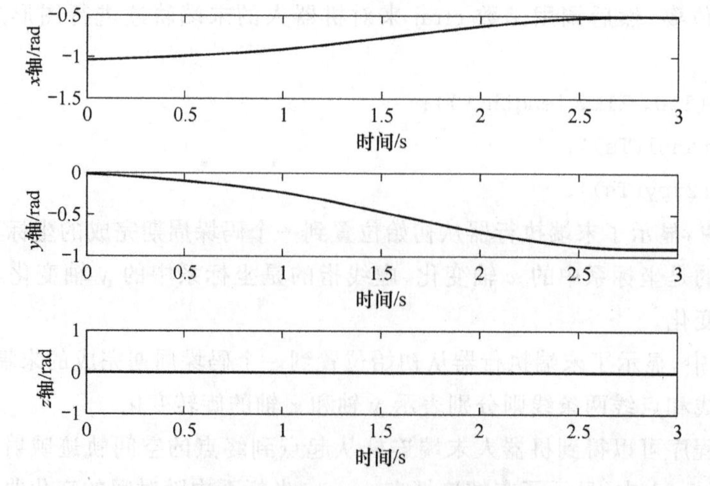

图 5-11　末端连杆的空间轨迹图

通过对码垛机器人在关节空间的轨迹规划，我们得到了任意关节的角位移、角速度和角加速度随时间 t 的变化情况。从图 5-6、图 5-7、图 5-8 中可以看出，各个关节的位移、速度、加速度随时间 t 的变化曲线都连续缓和。从图 5-9、图 5-10 可以分别看出末端连杆坐标系的平移变化和旋转变化，从图 5-11 中可以看出末端连杆的位置在 x、y、z 坐标内随时间的变化。通过上述分析我们发现码垛机器人的各关节运动都十分平稳，所以该机器人的设计满足码垛搬运的任务要求。

5.3 基于 PSO 的时间优化

轨迹优化是指在机器人从起点到终点的所有路径中，找到一条速度和时间均最优的路径。目前轨迹优化主要有时间优化和能量优化两种，时间优化是使用范围最广的，本节采用 PSO 对一个码垛周期进行时间最优求解，进而达到轨迹优化的目的。

通过观察机器人运动学正逆解算我们发现，末端连杆的各项参数变化范围比较大，因此我们以末端关节为例对机器人的一个码垛周期进行实践最优求解。

已知机器人的期望位姿，在直角坐标系下确定机械臂末端的轨迹几个插值点的位置，根据运动学逆解算方程求解各关节的参数，并将各关节空间笛卡儿位置插值点转化为关节空间的角度插值点。因为第四关节与第五关节位于同一点，第一关节与第二关节位于同一点，所以本书只对 3 个关节进行插值计算。表 5-2 所示为机械臂末端执行器的路径轨迹插值点。

表 5-2 笛卡儿空间的路径插值点

起始点	路径点 1	路径点 2	终止点
(−1.039 2,0,0)	(−0.9,0,0.519 6)	(−0.45,0.779 4,0.519 6)	(−0.519 6,−0.9,0)

根据运动学逆解算方程可以求得各关节的初始位置、路径点和结束点的关节所对应的角度值，如表 5-3 所示。

表 5-3 关节空间的角度插值点

关 节	θ_{j0}	θ_{j1}	θ_{j2}	θ_{j3}
关节 1	−5.156 8	3.549 6	−1.036 2	0.389 5
关节 3	−1.658 9	4.132 8	−4.846 7	2.356 6
关节 5	−1.039 2	−0.819 6	−0.409 8	−0.519 6

根据粒子群优化算法，在不同速度的约束下，对关节 5 进行优化，求解最优时间，对群体最优粒子的位置 p_g 进行每次迭代的记录，绘制图形从而得到不同速度约束下，群体最优粒子的位置 p_g 变化图。

图 5-12 和图 5-13 所示分别为关节 5 在速度为 80(°)/s 和 110(°)/s 时的群体最优粒子的位置 p_g 变化图。

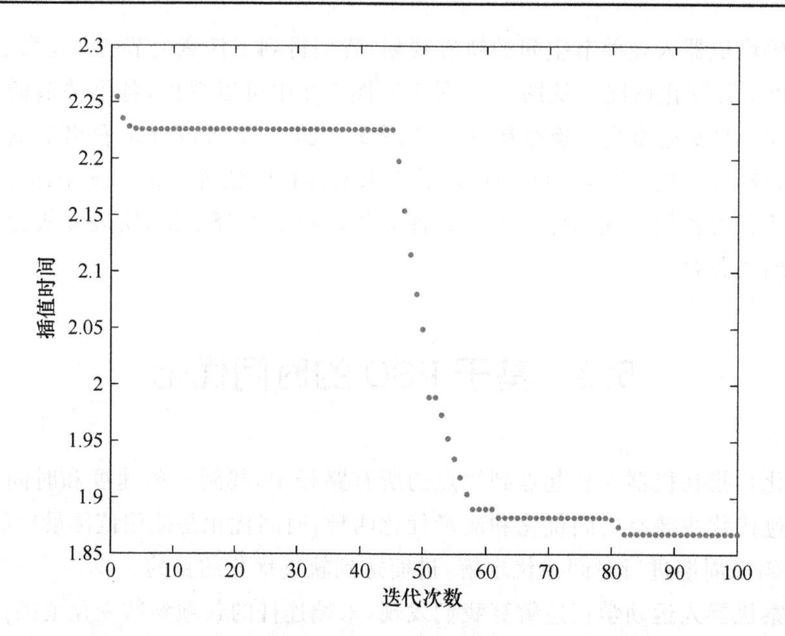

图 5-12 80(°)/s 迭代变化

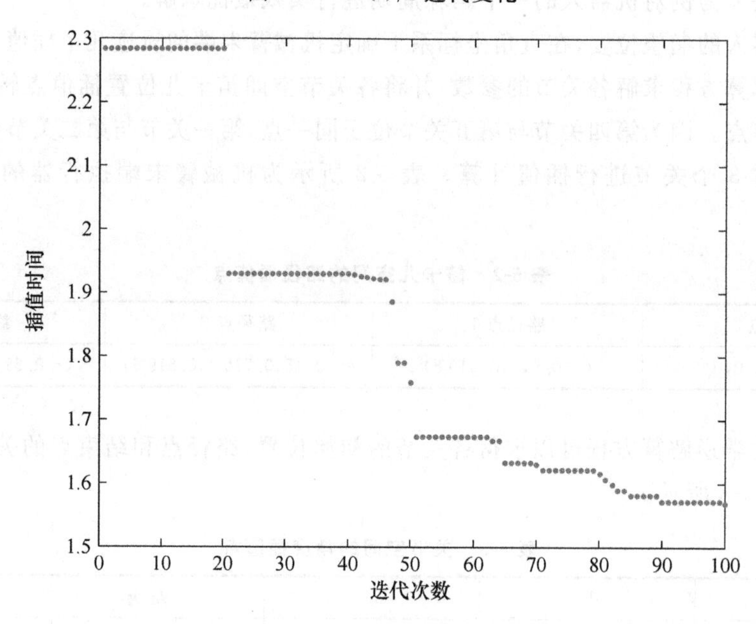

图 5-13 110(°)/s 迭代变化

通过观察图 5-12 和图 5-13 可以得出,在不同的速度约束下,关节 5 的最优粒子位置 p_g 在进行 50 次迭代循环后就开始迅速收敛,收敛值均在给定的速度约束下。关节 5 在 3-5-3 多次多项式插值计算的所需的 3 段最短时间为 t_{11}、t_{12}、t_{13},如表 5-4 所示。

表 5-4 关节 5 在不同速度下的最优时间

速度/[(°)·s^{-1}]	t_{11}/s	t_{12}/s	t_{13}/s
80	0.644 9	0.586 8	0.636 7
110	0.732 9	0.381 1	0.454 0

对于其他关节也可用上述方法求解各个关节在不同速度约束下的时间最优问题。本书以关节 5 在速度为 80(°)/s 时为例，通过粒子群优化得到最短的插值时间，在 MATLAB 中进行编程实现 3-5-3 多项式时间最优轨迹规划，从而得到关节 5 粒子群优化的位移、速度和加速度变化曲线，如图 5-14、图 5-15 和图 5-16 所示。

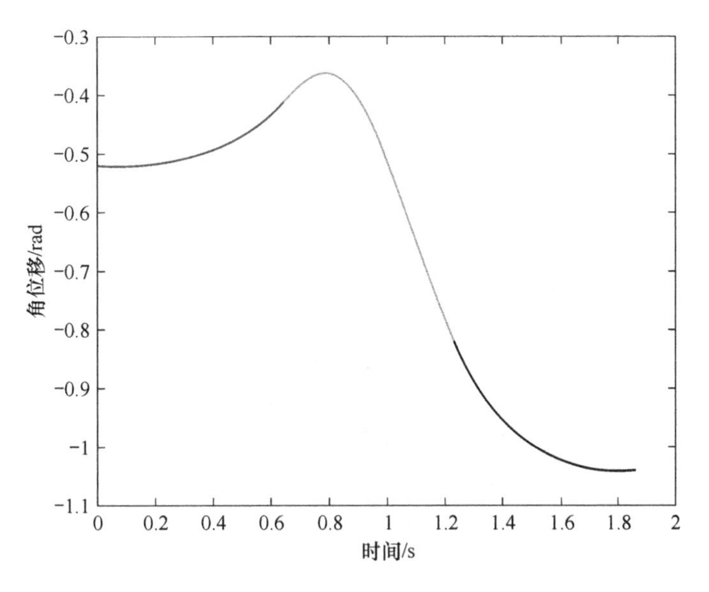

图 5-14　最优时间角位移变化曲线

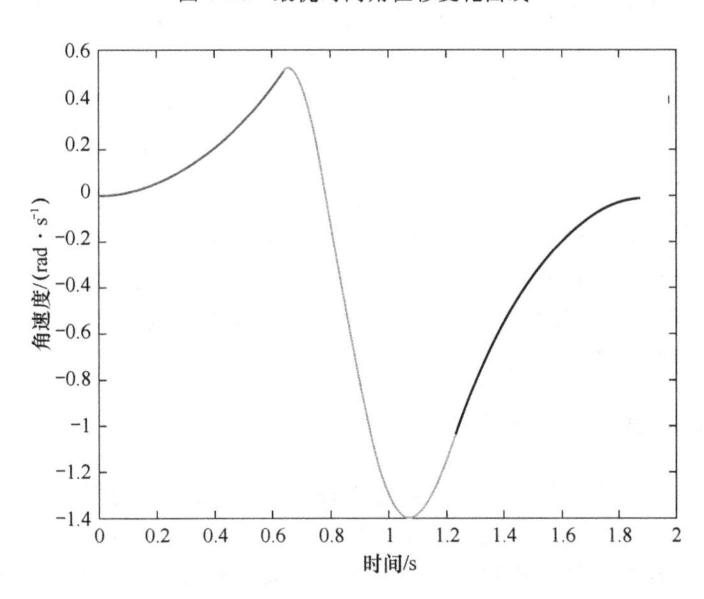

图 5-15　最优时间角速度变化曲线

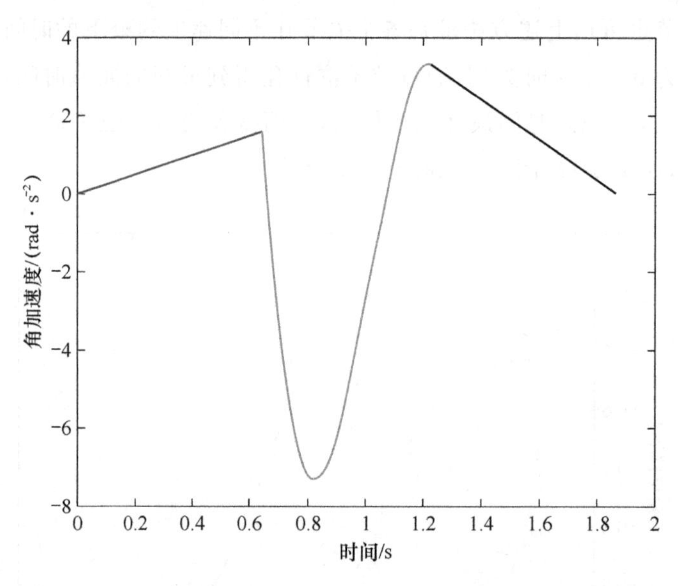

图 5-16　最优时间角加速度变化曲线

对图 5-14、图 5-15、图 5-16 进行分析，发现关节 5 的位移、速度、加速度均满足 14 个运动学约束条件。实验结果证明了采用速度约束下的 PSO 在计算机上离线寻优出机器人 3 段插值最优时间轨迹规划的可靠性。

5.4　码垛机器人基于 RobotStudio 的仿真研究

机器人仿真技术对于机器人执行任务有着十分关键的作用。在将工业码垛机器人应用到实际工业生产的过程中出现了很多的实际问题，不过这也促进了机器人仿真技术的发展进程。在生产过程中，通过三维仿真软件对机器人的实际运动过程进行模拟仿真，生动的仿真视频能够让我们更加清晰地了解到机器人各个关节的工作情况，而且通过仿真软件的模拟过程我们能更加方便地对机器人的有关参数进行调整，这也简化了实际生产过程中复杂的调试环节，显著提高了工作效率。本章通过对码垛的具体任务进行仿真，来对码垛机器人各个关节的数据和性能进行分析与探究。

5.4.1　机器人建模与仿真前处理

在 RobotStudio 软件中我们可以直接调用 IRB460 型机器人的模型，但是我们要对工作站中的其他部件进行模型设计。进行模型设计的方法主要有两种，一种是通过利用 RobotStudio 软件自带的建模工具来创建工作站中我们需要的模型，另一种则是通过三维绘图软件绘制出工作站中的基本部件，我们经常用到的三维绘图软件主要有 SolidWorks 和 UG 等。这两种方法各有各的优点，利用 RobotStudio 软件自带的建模工具只能建立比较简单的模型，但是却方便操作。而通过三维绘图软件则能够建立比较复杂的模型，但是当我们改动机器人的某些结构时，这些导入的模型参数就不能百分之百地适用，我们就需要重新导入改动后的模型，操作起来比较麻烦。我们将建好的模型以特殊的格式导入 RobotStudio 仿真软件中，就完成了建立工作站前的准备。

在建立工作站的过程中，我们要创建的基本模型主要有码垛垫板、传送带、箱体、安全栅栏以及机器人的末端执行器。其中最主要的是机器人的末端执行器的设计，根据本次任务我们发现吸盘式末端执行器具有较好的适应能力，能够满足本次任务中轻拿轻放的需求，所以我们先在三维绘图软件中绘制这些工作站的基本模型。

5.4.2　搭建仿真平台

仿真系统创建步骤：

① 托盘、传送带等三维模型导入；

② 机器人模型导入；

③ 调整可视化系统，将工作站调节到机器人的工作空间。

将模型一个一个地导入新建的工作站中，并且将这些模型定位到合适的坐标位置后，接下来最关键的一步是末端执行器的安装。我们要根据机器人末端连杆坐标准确无误地将末端执行器装配上去，这样我们在对机器人进行程序编写和仿真时才会更加真实可靠，符合实际情况。装配好的工作站如图 5-17 所示。

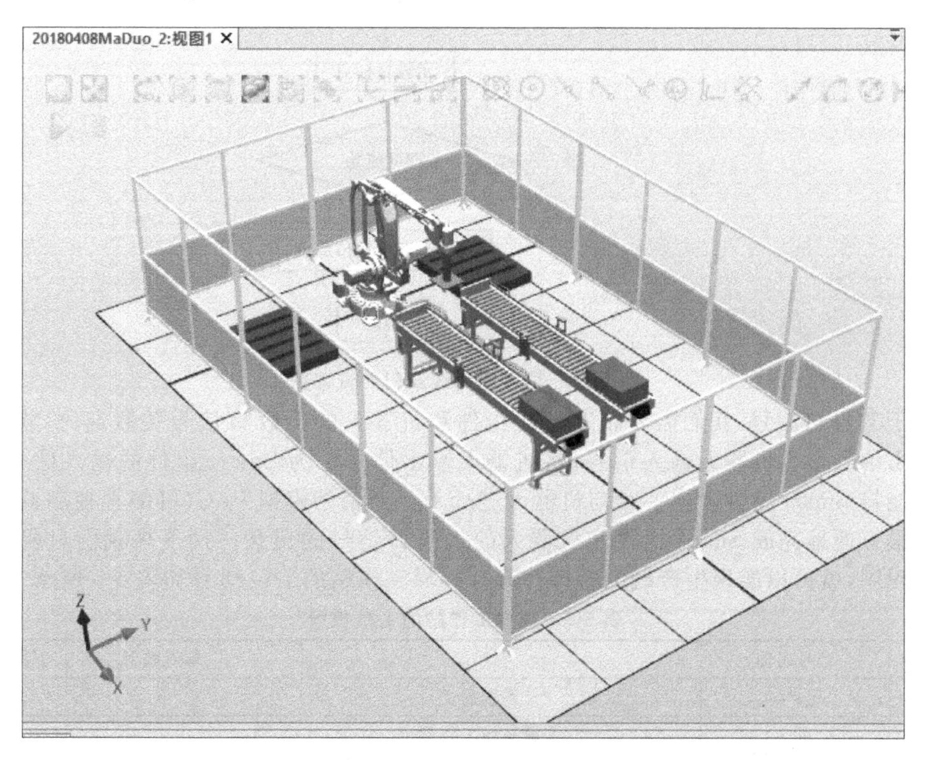

图 5-17　工作站模型图

5.4.3　仿真系统设计

仿真系统设计主要包含三部分：

① 绘制仿真和离线编程流程图；

② 仿真运行的 I/O 口信号设计；

③ 对 Smart 动态组件进行设计。

仿真和离线编程的基本流程如图 5-18 所示。

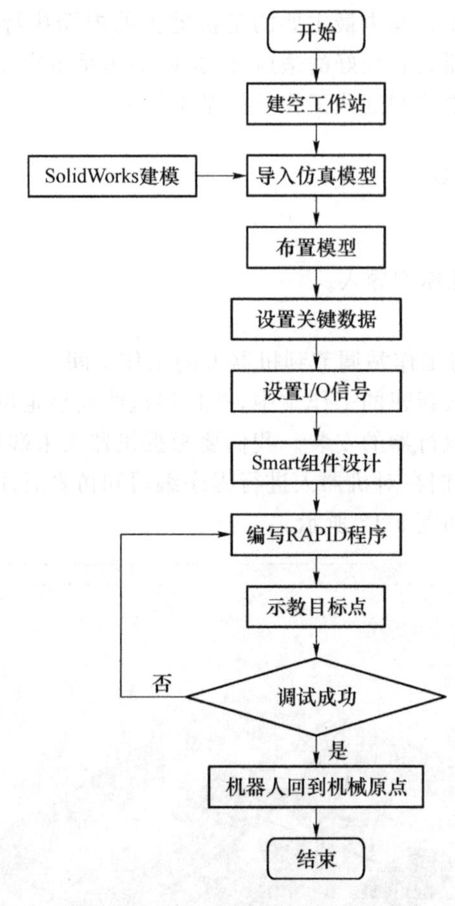

图 5-18　仿真和离线编程的流程图

对于 I/O 口信号，我们需要将 Smart 组件和机器人的 I/O 口信号关联起来，将 Smart 组件输出信号作为机器人输入信号，将机器人输出信号作为 Smart 组件的输入信号，这样我们就能将 Smart 组件看成一个与机器人进行 I/O 通信的模拟 PLC(可编程控制器)，这种方法能很方便地完成 Smart 组件和机器人的 I/O 口信号的交互。接下来我们只要离线编写生产程序，就可以实现生产线的整体仿真。码垛工作站的 I/O 信号如表 5-5 所示。

表 5-5　码垛工作站的 I/O 信号

序　号	信号名称	含　义	单元映射	类　型
1	di_start	系统启动	0	输入
2	di_1	左输送线工件到位	1	输入
3	di_2	右输送线工件到位	2	输入
4	di_3	左侧码盘到位	3	输入
5	di_4	右侧码盘到位	4	输入
6	do_fixture	家具夹紧	33	输出
7	do_2	左侧码盘满载	34	输出
8	do_3	右侧码盘满载	35	输出
9	do_4	停止	36	输出

接下来就是为了解决任务，对机器人搬运路径仿真过程进行程序的编写，该过程较为复杂，为了提高工作效率，设计的是双传送带的搬运模式，通过两条传送带的时间差能让机器人一直处于高效率的工作状态。这样的双线搬运模式对机器人的路径设计要求很高，在编程过程中要通过反复的实验，来观察分析可能遇到的问题。通过不断地调整各个关节的各项参数以及传送带的速率来找到最佳搬运路径。

在完成仿真过程后，观察仿真录像可以十分直观地看到整个码垛过程，发现在码垛过程中该机器人各项参数均正常平稳，这也正好满足了任务高精度、高效率以及轻拿轻放的需求，大大地节省了人力，提高了效率。

基于 MATLAB 的仿真可以提供更合理的方案。

第 6 章　SCARA 机器人的运动规划与仿真

SCARA 也属于工业机器人，因其自身的特点，被广泛地用来进行装配工作。其作业范围较小，装配零件质量不大，因而机器人的质量及负荷也不高。本章将介绍用于饼干包装的 SCARA 机器人运动规划。SCARA 机器人具有 3 个旋转关节、1 个移动关节，本章首先研究其机械结构，分析其运动学原理，并基于 MATLAB 进行运动规划与仿真。

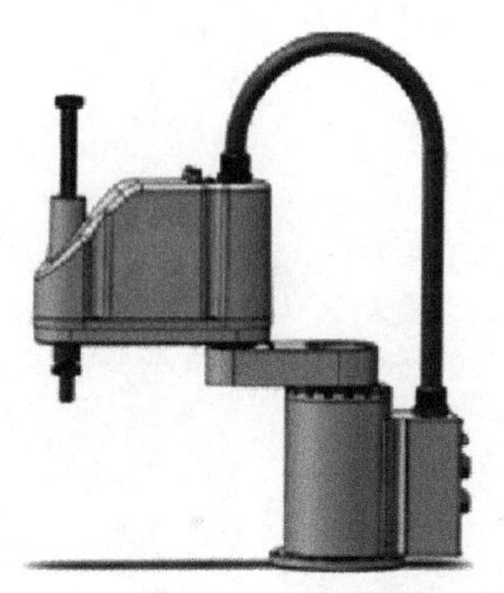

图 6-1　机器人结构简图

SCARA 机器人结构简图如图 6-1 所示。

本书要设计的饼干包装 SCARA 机器人有 3 个旋转关节和 1 个移动关节，旋转关节的各关节轴线互相平行。SCARA 机器人运动关节的定位以及末端关节方向的确定都是在平面内完成的。

6.1　SCARA 机器人模型的建立

本节基于 MATLAB 的机器人工具箱进行 SCARA 机器人轨迹规划与仿真。MATLAB 软件中的机器人工具箱在建立各关节时，应有其相应的对象，即对 SCARA 机器人进行轨迹规划及仿真计算时，需要用到 Link 函数。它的一般形式为 L＝Link([alpha a theta d Sigma])。在该式中，a 是各个连杆的长度，theta 为各个关节之间相对转过的角度，alpha(α)是各个关节之间扭转方向的角度。在这里需要注意的是，Link 函数的最后一位元素可以表示不同的含义，即“1”表示移动环关节，“0”表示转动关节。本书 SCARA 机器人的 D-H 参数如表 6-1 所示，offset 为各个连杆之间的偏置。

表 6-1　各关节参数值

关　节	d	α	a	offset	Sigma
1	0	0	0.5	0	0
2	0	0	0.5	pi	0
3	0	0	0	0	0
4	0	−0.5	0	0	1

本书的饼干包装 SCARA 机器人，需要将关节 4 沿轴向下平移 500 mm 来得到机械手最末端的坐标系；相对移动的两关节分别为机械手臂和关节 4，并且两者之间没有相对转动。由表 6-1 中各参数的值，用软件进行机器人模型的建立。其程序如下：

```
clear
clc
L(1) = Link([0 0 0.5 0 0]);
L(2) = Link([0 0 0.5 pi 0]);
L(3) = Link([0 0 0 0 0]);
L(4) = Link([0 - 0.5 0 0 1]);
h = SerialLink(L,'name', 'fourlink');
h
h.n
links = h.links
qA = [0 0 0 0.5];
plot(h,qA)
```

通过以上的程序,可以得到机器人的三维仿真图,假设机器人的关节之间相互垂直,如图 6-2 所示。

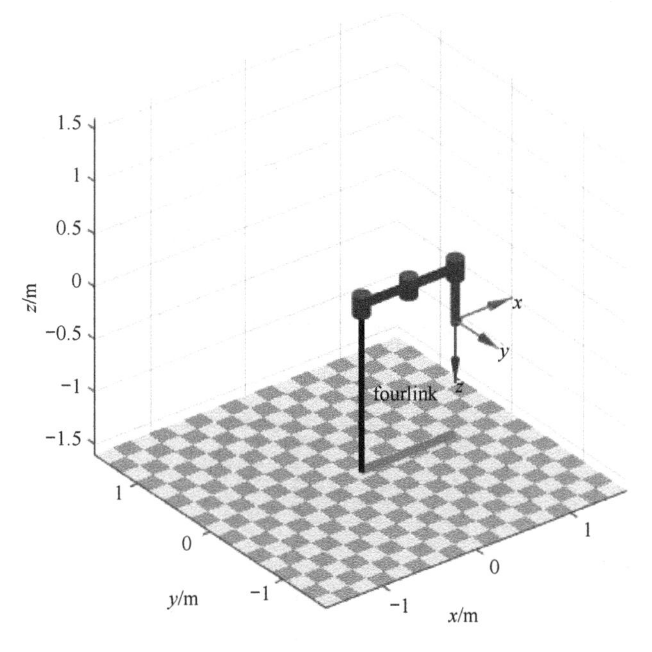

图 6-2　SCARA 机器人的连杆模型

在本书当中,机械手臂末端执行器的坐标采用笛卡儿坐标系,其中 x、y、z 分别用不同粗细的线形表示,其轴向的正向可以根据坐标系的特点来确定。从图 6-2 中可以看出 yOx 面为手臂的几何投影方向面。

6.2　SCARA 机器人的工作空间

为了能更好地完成工作要求,在对 SCARA 机器人进行轨迹规划之前,首先要知道机械臂的工作区间。在 MATLAB 软件中可以通过一个循环程序来做出机械臂的工作区间图。循环程序框图如图 6-3 所示，工作区域图如图 6-4、图 6-5、图 6-6 和图 6-7 所示。

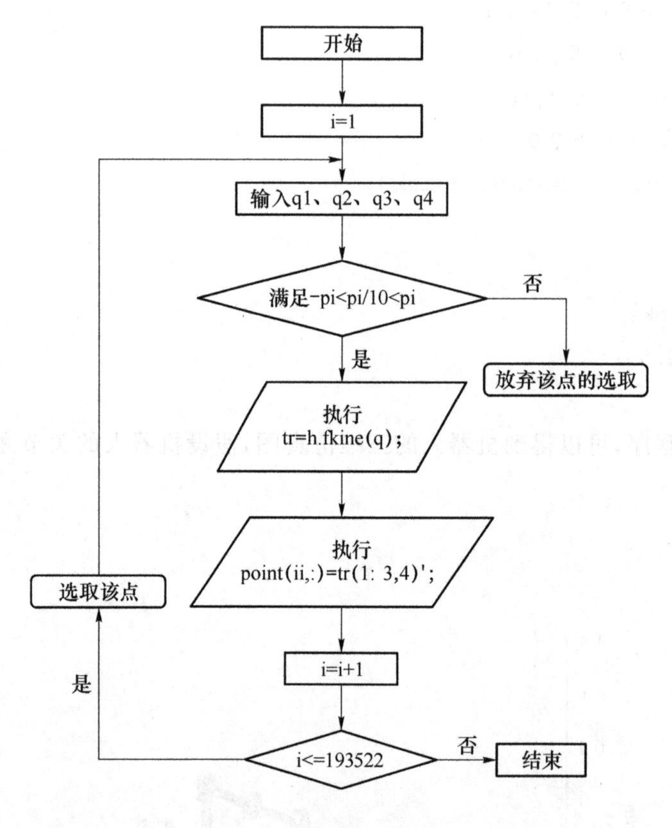

图 6-3　循环程序框图

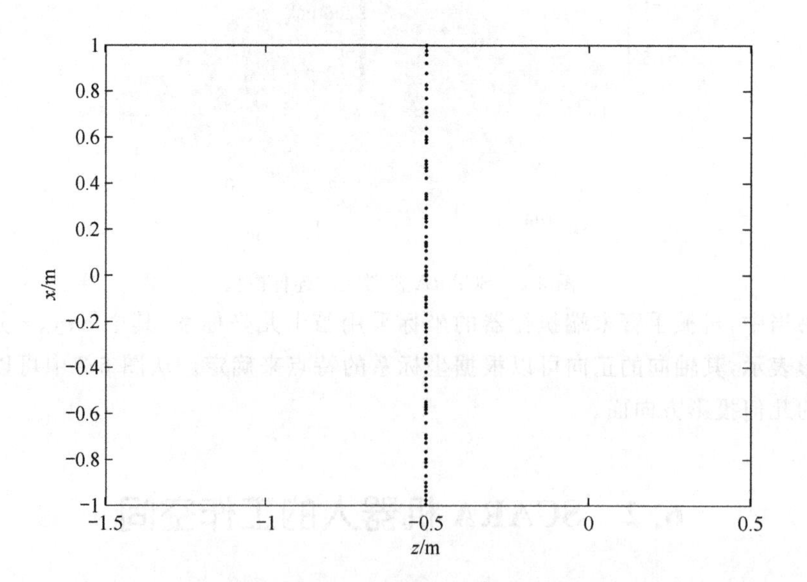

图 6-4　工作区域在 zOx 面的投影

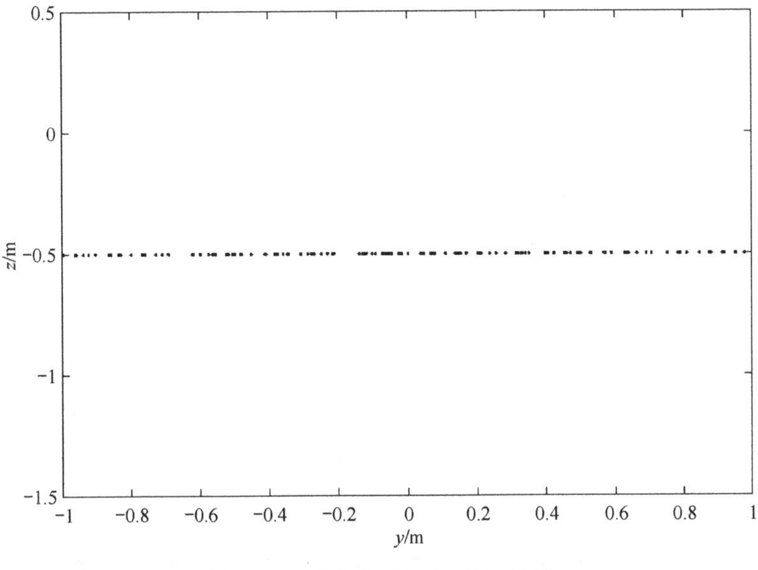

图 6-5　工作区域在 yOz 面的投影

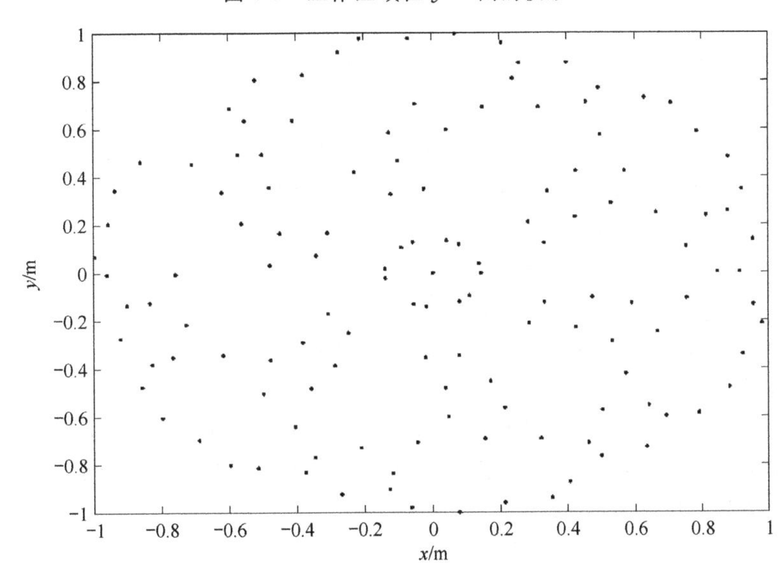

图 6-6　工作区域在 xOy 面的投影

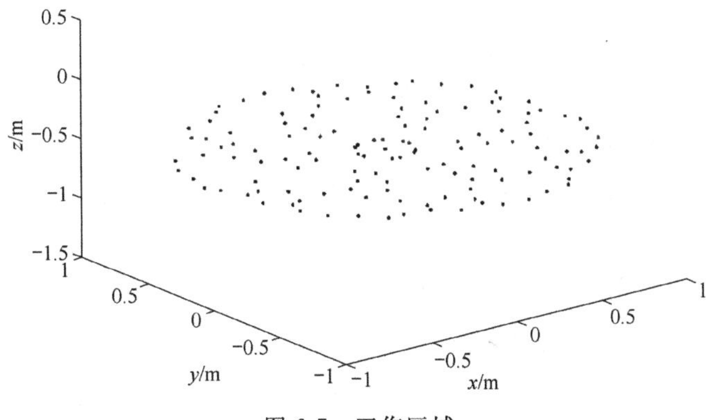

图 6-7　工作区域

在工作过程中，基于 MATLAB Robtics Tools 的仿真就可以实时看到机械臂的运动过程，机械臂末端执行器的关节空间轨迹如图 6-8 所示。

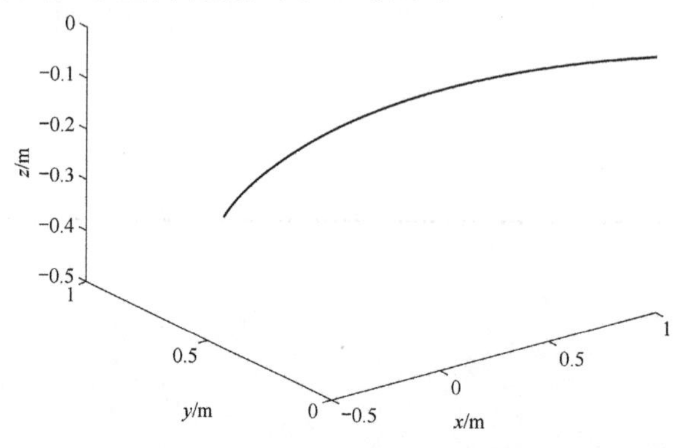

图 6-8 机械臂末端执行器的关节空间轨迹

6.3 SCARA 机器人的关节空间规划

首先在关节空间中对机器人末端轨迹进行规划，关节空间运动轨迹规划用函数 jtraj 来表示，函数 jtraj 的调用格式为[q,qd,qdd]=jtraj(qz,qn,t)，通过 qz 到 qn 两个位置之间的平滑插值就可得到一个关节空间轨迹。图 6-8 为机器人末端执行器运动时的运动轨迹。下面是在 MATLAB 软件中绘制机械臂末端执行器的运动轨迹的程序：

```
m = squeeze(T(:,4,:) );
plot(t,squeeze(T(:,4,:)));
u = T(1, 4,:); v = T(2,4,:);w = T(3,4,:);
x = squeeze(u); y = squeeze(v); z = squeeze(w);
plot3(x,y,z);
```

在本书中只以关节 1 为例子列出其位移、速度和加速度的变化曲线，剩余 3 个关节的变化曲线仿照关节 1 用同样的程序即可得到。图 6-9、图 6-10 和图 6-11 分别为关节 1 的位移、速度和加速度随时间的变化曲线。

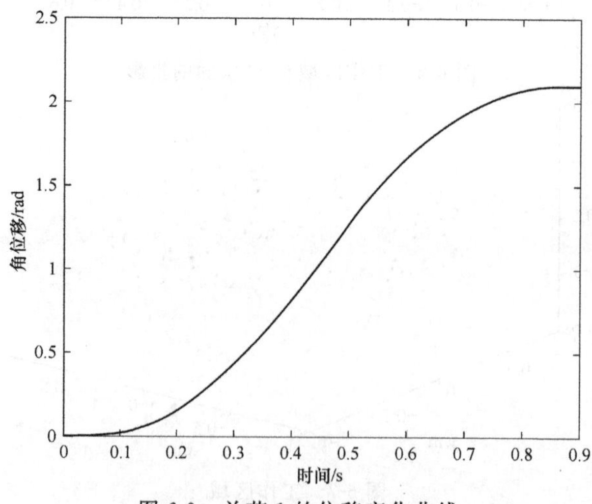

图 6-9 关节 1 的位移变化曲线

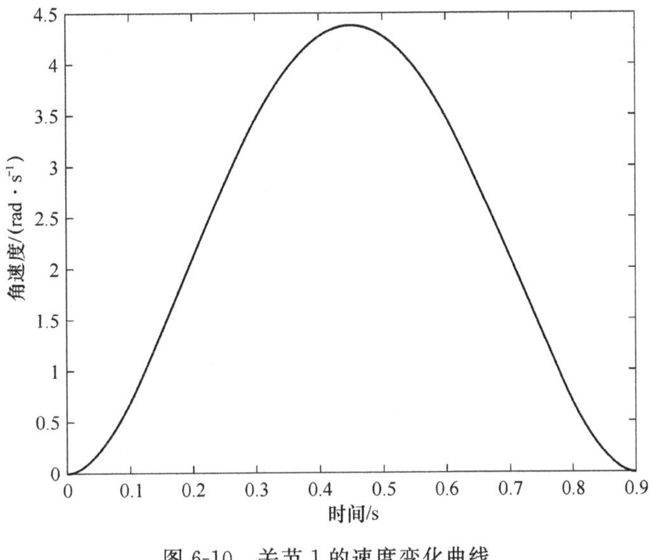

图 6-10　关节 1 的速度变化曲线

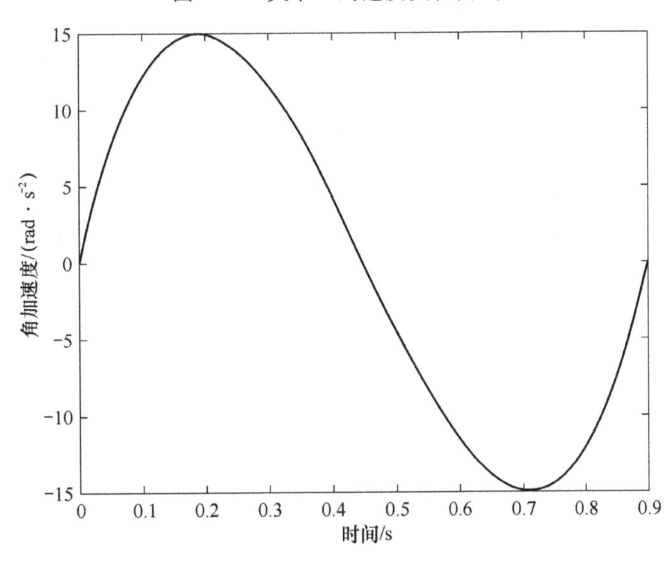

图 6-11　关节 1 的加速度变化曲线

6.4　SCARA 机器人的笛卡儿空间规划

笛卡儿空间运动轨迹规划用函数 ctraj 表示，函数 ctraj 的用法和函数 jtraj 很相似，函数 ctraj 的调用格式：

```
T10 = transl(4, - 0.5,0) * troty(pi/6);
T11 = transl(4, - 0.5, - 2) * troty(pi/6);
Ts = ctraj(T10,T11,length(t));
```

其中 transl 代表矩阵中的平移变量，troty 代表矩阵中的旋转变量。T10 和 T11 分别代表初始和末端的位姿。具体的程序见附录 8。

末端执行器从初始位置到末端坐标系的平移变化如图 6-12 所示。其中实线表示的是坐标系中的 x 轴的变化，点划线表示的是坐标系中的 y 轴的变化，点线表示的是坐标系中的 z 轴的变化。

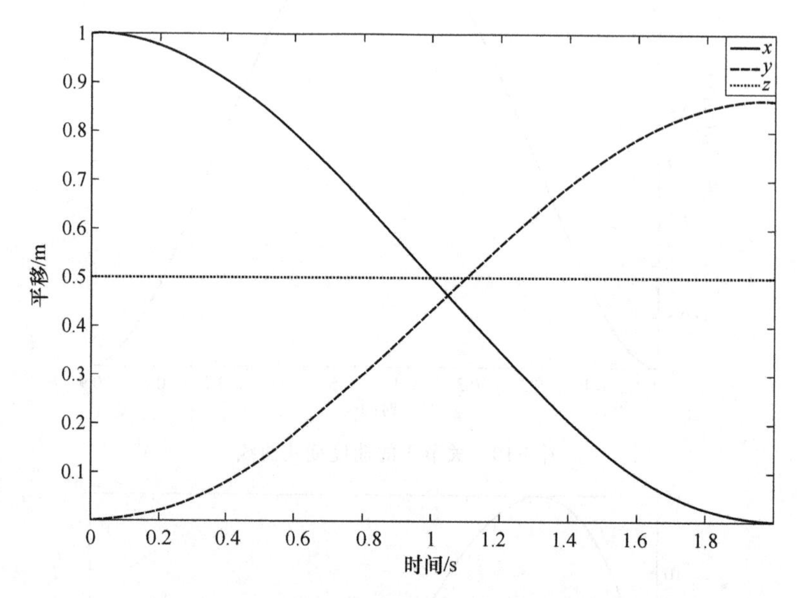

图 6-12　末端执行器坐标系的平移变化

第二个演示的图形如图 6-13 所示，为末端执行器从初始位置到末端位置坐标系的旋转变化。点划线和点线分别代表 y 轴和 z 轴的旋转变化。从图 6-13 中能够清楚地看出，y 轴和 z 轴未发生旋转。

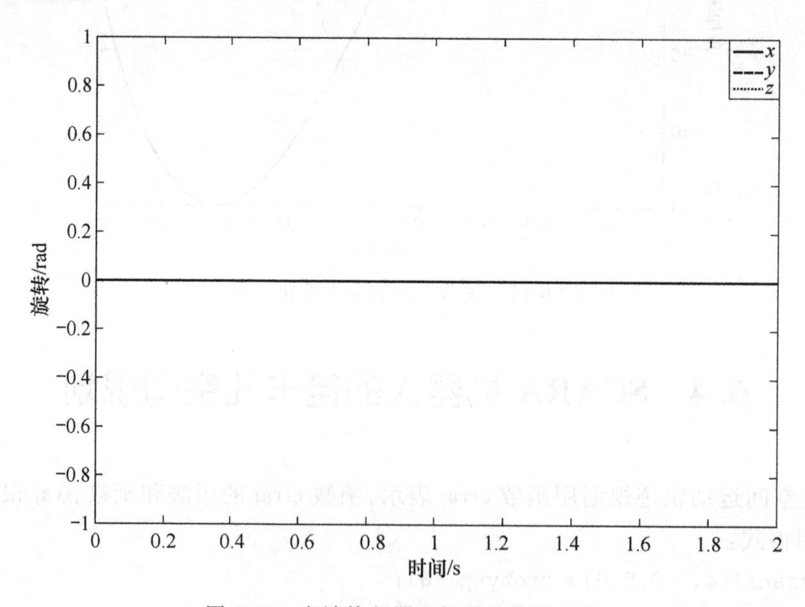

图 6-13　末端执行器坐标系的旋转变化

根据附录 2 中的程序，可以绘制出机器人末端执行器从初始位置到末端位置的空间轨迹的规划图形投影到 xOy 坐标轴内的变化曲线，图 6-14 显示了末端执行器完成一个工作过程在 x、y、z 坐标内随时间的变化曲线。

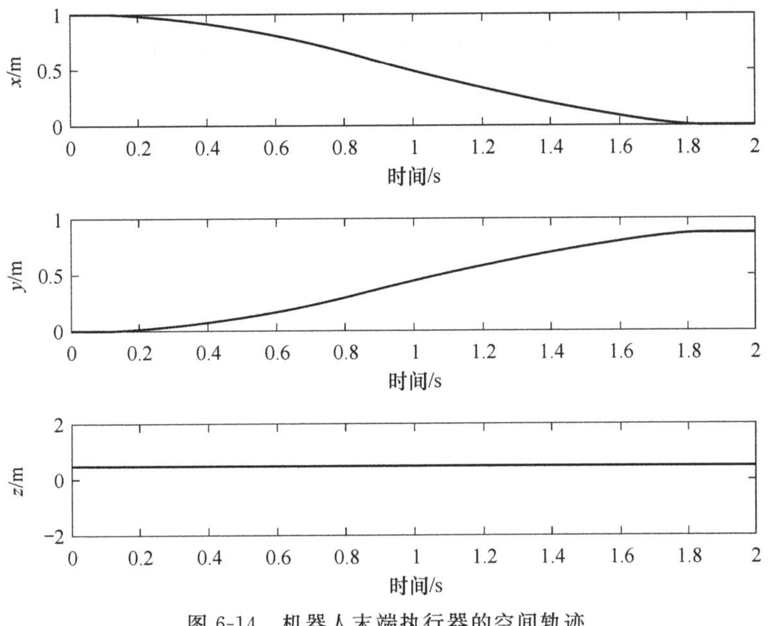

图 6-14　机器人末端执行器的空间轨迹

6.5　笛卡儿空间的分段规划

前面对机器人进行的笛卡儿空间轨迹规划只是简单地对机械臂从初始位置到末端位置进行了轨迹规划，并不能知道工作过程中对机械臂的轨迹规划是否符合设计要求。接下来将机械臂的一个工作过程划分为必要的几部分，再分段进行轨迹规划。其中重要的 3 个部分以及相对应的笛卡儿空间轨迹规划如下。

第一部分：将饼干从生产线上提起的过程。

初始位置和末端位置分别如图 6-15、图 6-16 所示。

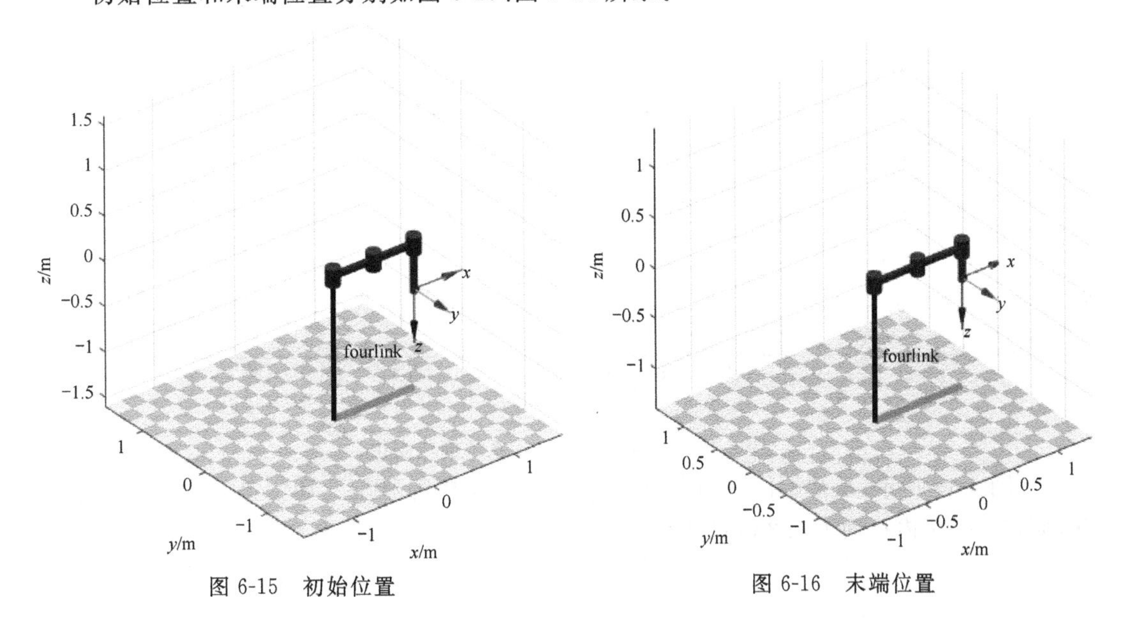

图 6-15　初始位置　　　　图 6-16　末端位置

下面基于 MATLAB Robtics Tools 的函数 ctraj 进行笛卡儿空间的轨迹规划。

末端执行器从初始位置到提起饼干位置坐标系的平移变化如图 6-17 所示。从图 6-17 中能够清楚地看出在这个运动过程中坐标系中的 x 轴和 y 轴没有发生变化，而 z 轴的变化则表示了末端执行器在这一运动过程中的位置变化。

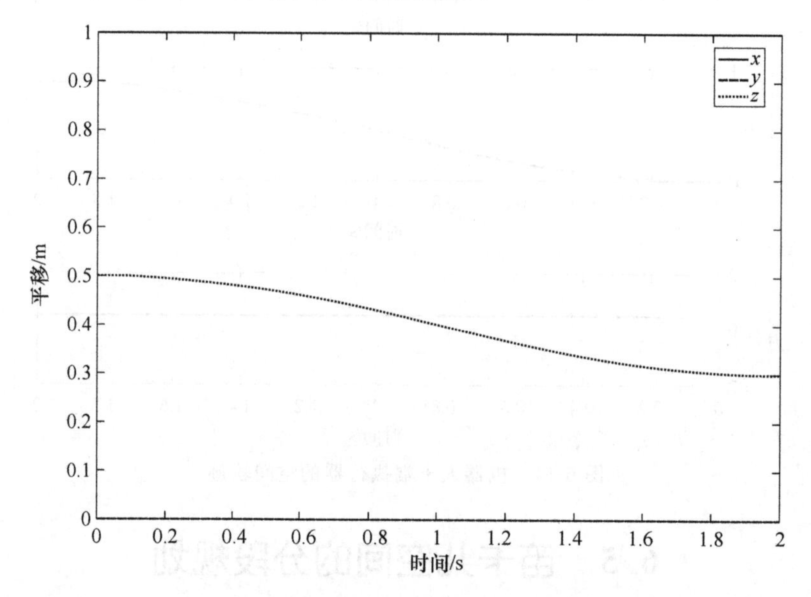

图 6-17　末端执行器坐标系的平移变化

末端执行器从初始位置到提起饼干位置坐标系的旋转变化如图 6-18 所示。从图 6-18 中可以看出 x 轴、y 轴和 z 轴都未发生旋转。

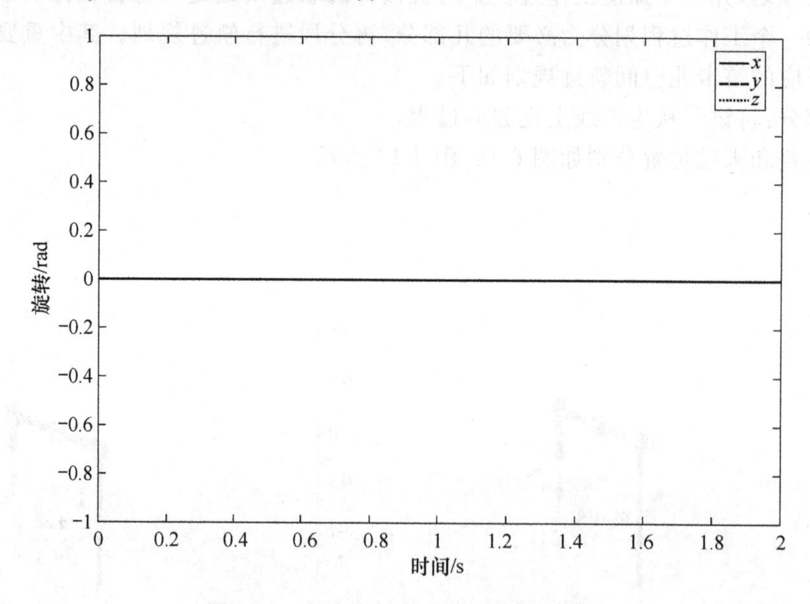

图 6-18　末端执行器坐标系的旋转变化

如图 6-19 所示，从初始位置到提起饼干位置，末端执行器在 x 和 y 坐标内并未发生变化，而在 z 坐标内移动了 0.2 m 的距离。

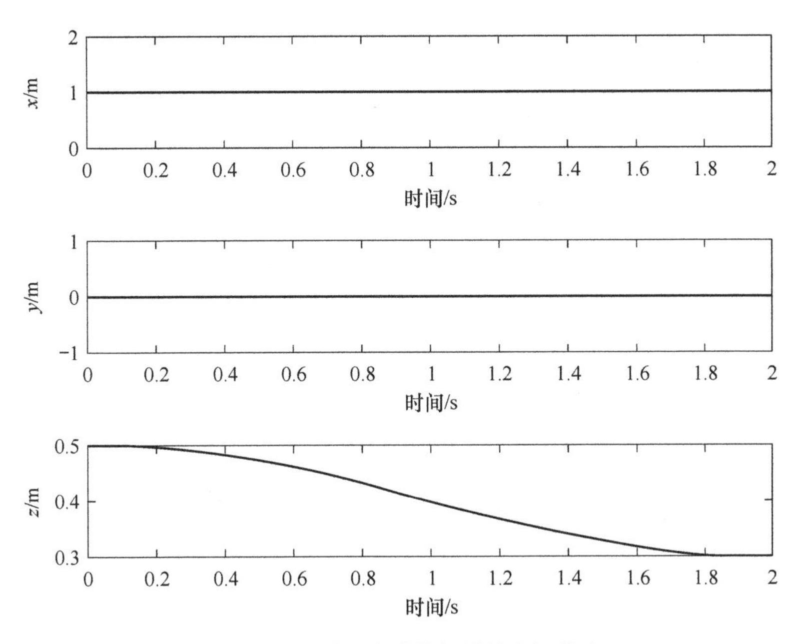

图 6-19　机器人末端执行器的空间轨迹

第二部分：机械臂末端从各关节位移[0,0,0,0.3]移动到[pi * 2/3,－pi/3,0,0.3]的过程，也就是从生产线上空到饼干包装箱上空。初始位置和末端位置分别如图 6-20 和图 6-21 所示。

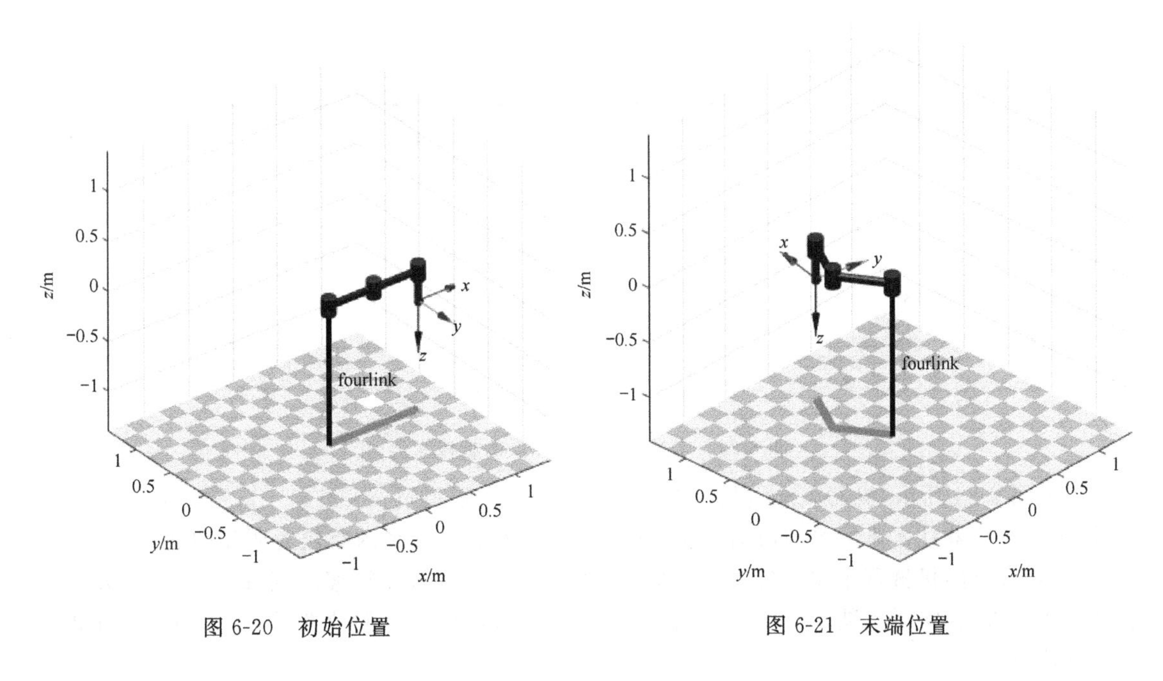

图 6-20　初始位置

图 6-21　末端位置

末端执行器从[0,0,0,0.3]运动到[pi * 2/3,－pi/3,0,0.3]坐标系的平移变化如图 6-22所示。其中 z 轴没有发生坐标系的变化，x 轴和 y 轴的坐标系的变化较大。

如图 6-23 所示，末端执行器从[0,0,0,0.3]运动到[pi * 2/3,－pi/3,0,0.3]位置时，x 轴、y 轴和 z 轴在坐标系中都没有发生旋转变化。

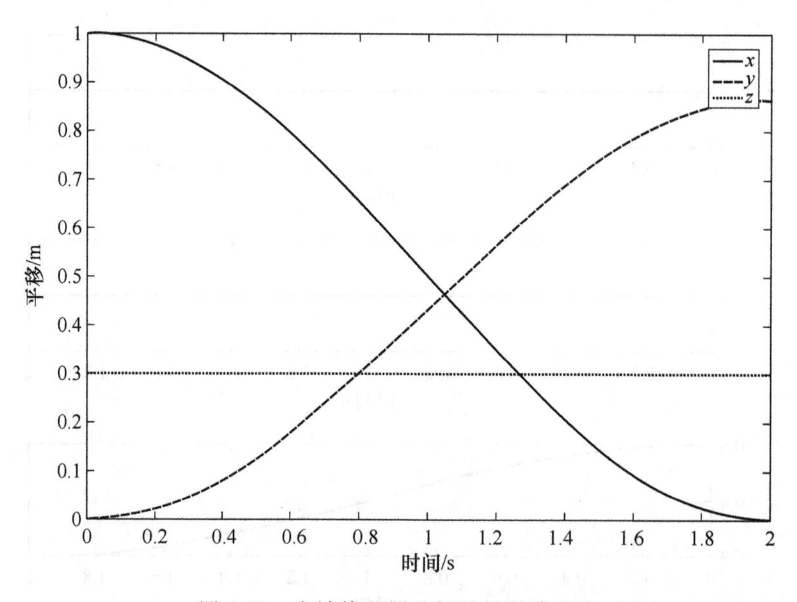

图 6-22　末端执行器坐标系的平移变化

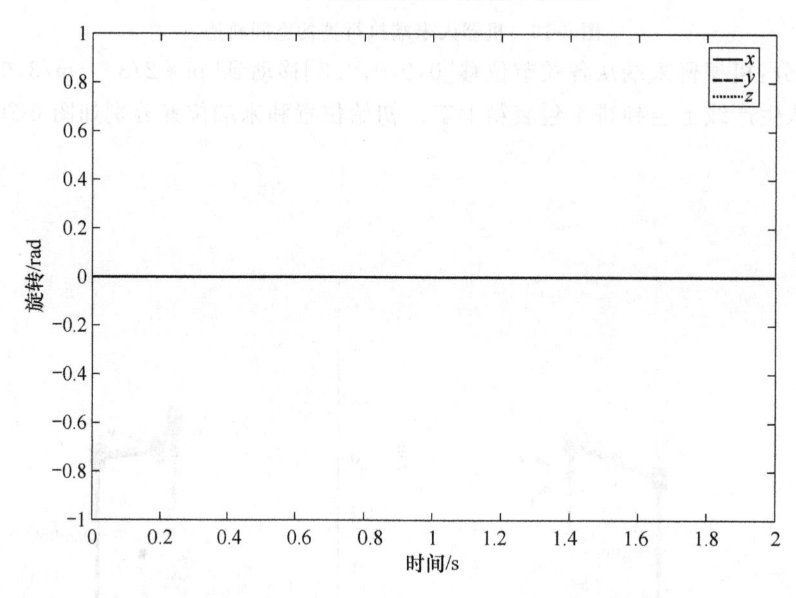

图 6-23　末端执行器坐标系的旋转变化

如图 6-24 所示，机器人末端执行器从[0,0,0,0.3]运动到[pi * 2/3,－pi/3,0,0.3]位置时，末端执行器在 z 坐标系内没有变化，在 y 坐标系和 x 坐标系内有较为明显的变化。

第三部分：机械臂末端从各关节位移[pi * 2/3,－pi/3,0,0.3]移动到[pi * 2/3,－pi/3,0,0.5]，机械臂将饼干装箱。由于一箱有多包饼干，每包饼干放的位置不同，这只是其中的一种情况。

初始位置和末端位置分别如图 6-25 和图 6-26 所示。

末端执行器从[pi * 2/3,－pi/3,0,0.3]移动到[pi * 2/3,－pi/3,0,0.5]位置坐标系的平移变化如图 6-27 所示。其中 x 轴和 y 轴没有发生坐标系的变化，z 轴的坐标系的变化较大。

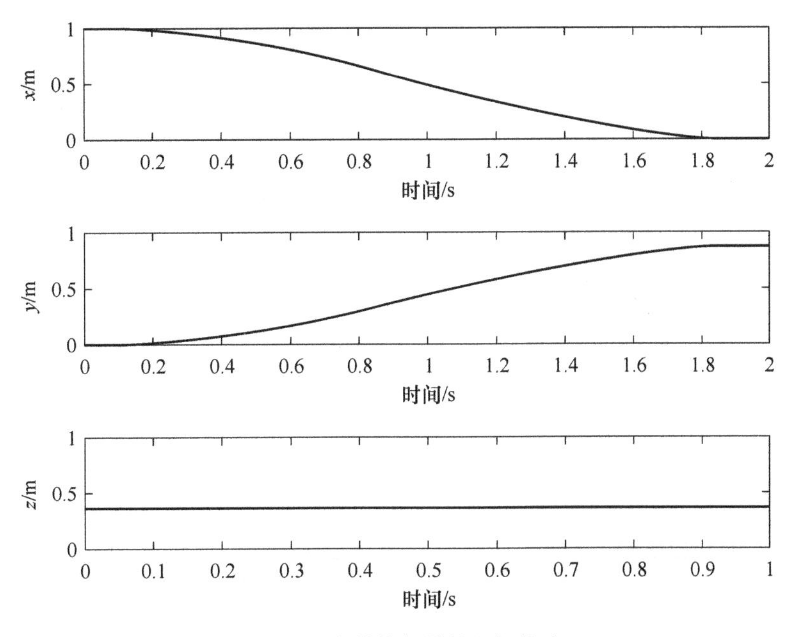

图 6-24　末端执行器的空间轨迹

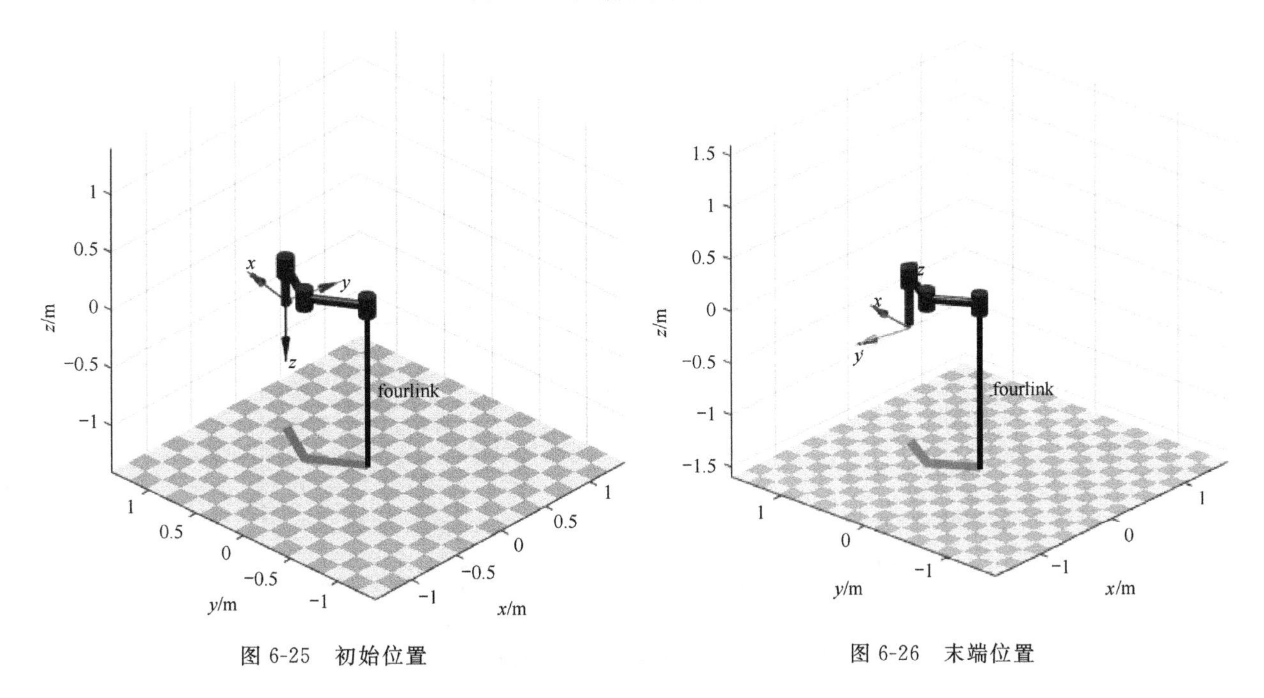

图 6-25　初始位置　　图 6-26　末端位置

如图 6-28 所示，末端执行器从[pi＊2/3，－pi/3，0，0.3]移动到[pi＊2/3，－pi/3，0，0.5]位置时，x 轴、y 轴和 z 轴在坐标系中都没有发生旋转变化。

如图 6-29 所示，机器人末端执行器从[pi＊2/3，－pi/3，0，0.3]移动到[pi＊2/3，－pi/3，0，0.5]位置时，末端执行器在 x 和 y 坐标系内没有变化，在 z 坐标系内则有较为明显的变化。

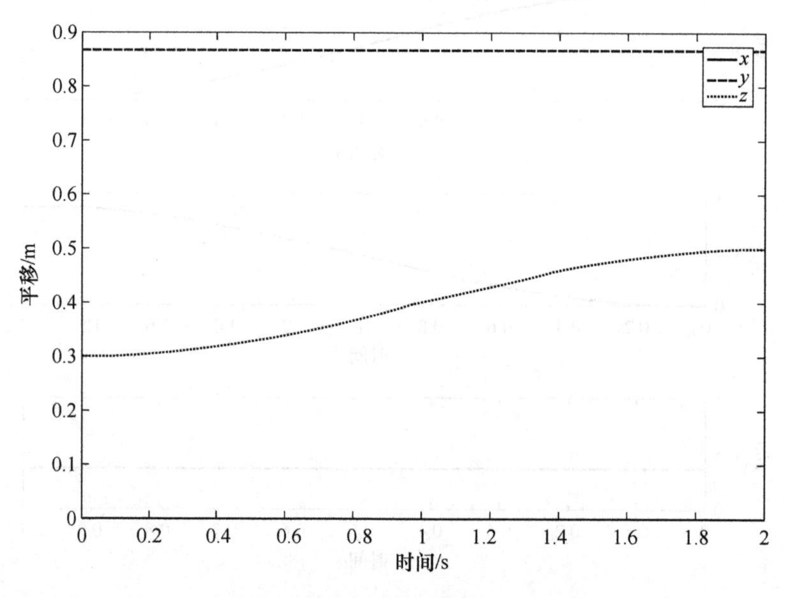

图 6-27　末端执行器坐标系的平移变化

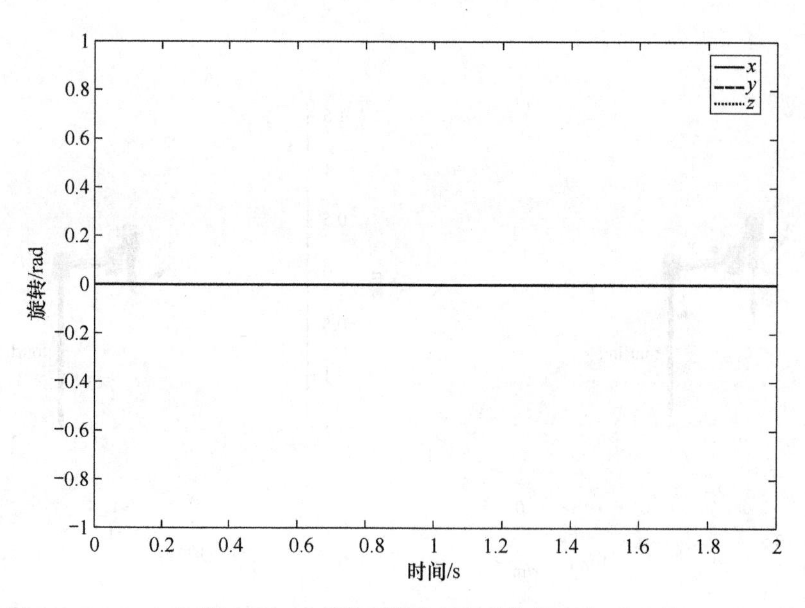

图 6-28　末端执行器坐标系的旋转变化

通过以上对机械臂一个完整运动过程的分部笛卡儿空间轨迹规划，能够清楚地看出机械臂在运动过程中的每一个阶段都比较稳定且连续，并且准确性也很高。

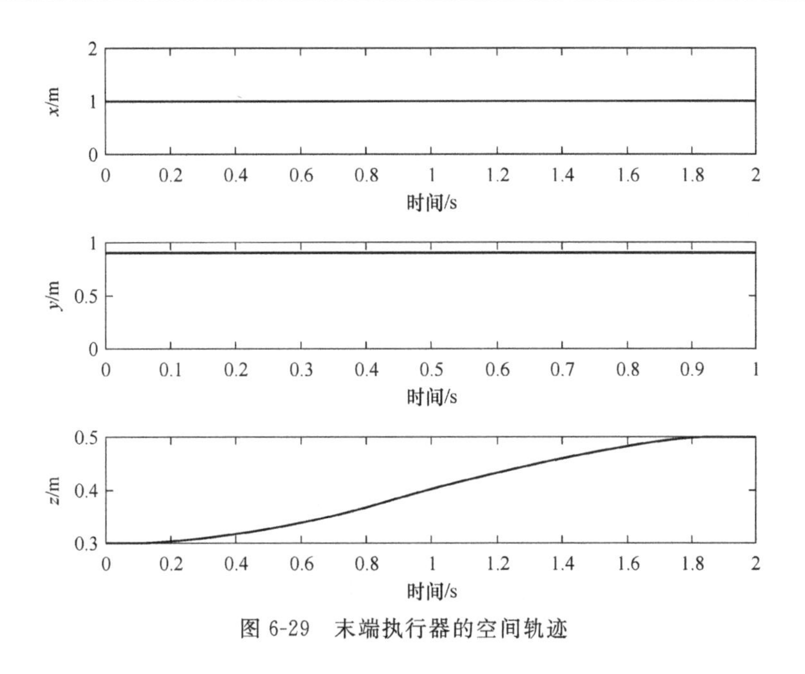

图 6-29　末端执行器的空间轨迹

6.6　基于时间的笛卡儿空间规划

为提高搬运效率，需考虑提高速度后，机械臂运动过程中位移、速度和加速度是否能满足要求。

第一次选择采样时间为 0.5 s，采样间隔为 0.01 s，仿真得出前 3 个关节的位移、速度、加速度曲线。

从图 6-30、图 6-31、图 6-32 中可以看出，在整个运动过程中关节 3 未发生变化，其速度和加速度未有明显变化。此外由图 6-30、图 6-31、图 6-32 可以看出虽然机械臂的运动轨迹较为平缓连续，但是它的速度达到了 8 rad/s，超过了机械臂所能达到的最大速度，不符合 SCARA 机器人的设计要求。

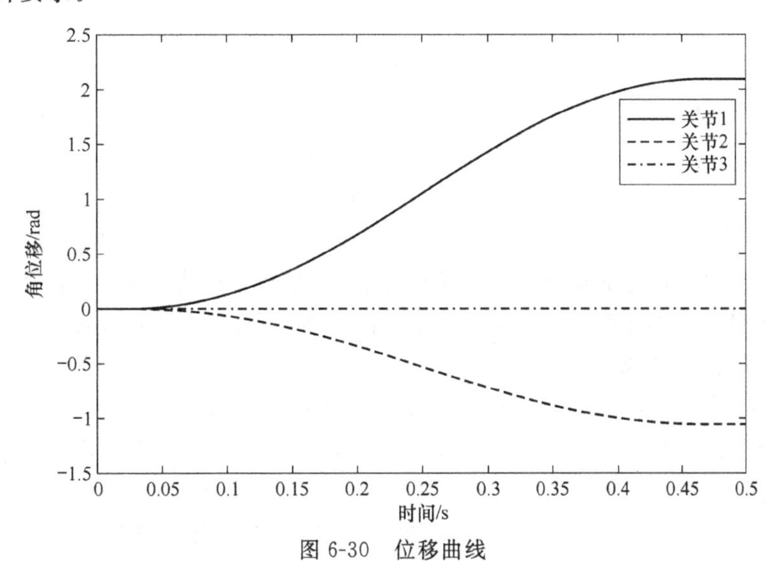

图 6-30　位移曲线

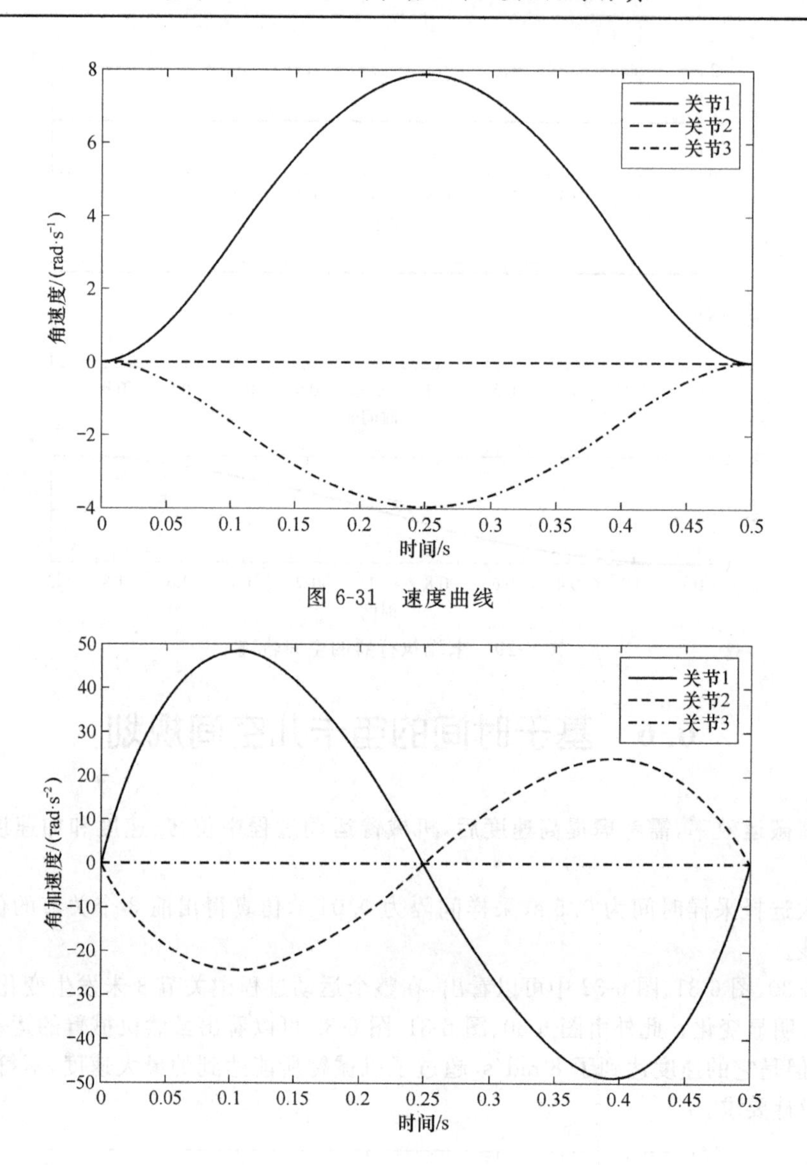

图 6-31　速度曲线

图 6-32　加速度曲线

第二次选择采样时间为 0.7 s,采样间隔为 0.01 s,仿真得出前 3 个关节的位移、速度、加速度曲线。

从图 6-33、图 6-34、图 6-35 中可以看出,在整个运动过程中关节 3 未发生变化,其速度和加速度未有明显变化。此外由图 6-33、图 6-34、图 6-35 可以看出机械臂的运动轨迹较为平缓连续,并且相对于第一次它的速度和加速度较为平缓,关节 1 的最大速度近似于 5.5 rad/s,满足速度要求,但其最大加速度为 25 rad/s^2,超过了 SCARA 机器人的加速度要求,仍然不能满足 SCARA 机器人的设计要求。

第三次选择采样时间为 0.9 s,采样间隔为 0.01 s,仿真得出位移、速度、加速度曲线。

从图 6-36、图 6-37、图 6-38 中可以看出,在整个运动过程中关节 3 未发生变化,其速度和加速度未有明显变化。此外由图 6-37、图 6-38 可以看出关节 1 的速度、加速度最大,速度为 5.5 rad/s,加速度为 15 rad/s^2,均未超过最大限定值,符合设计要求。

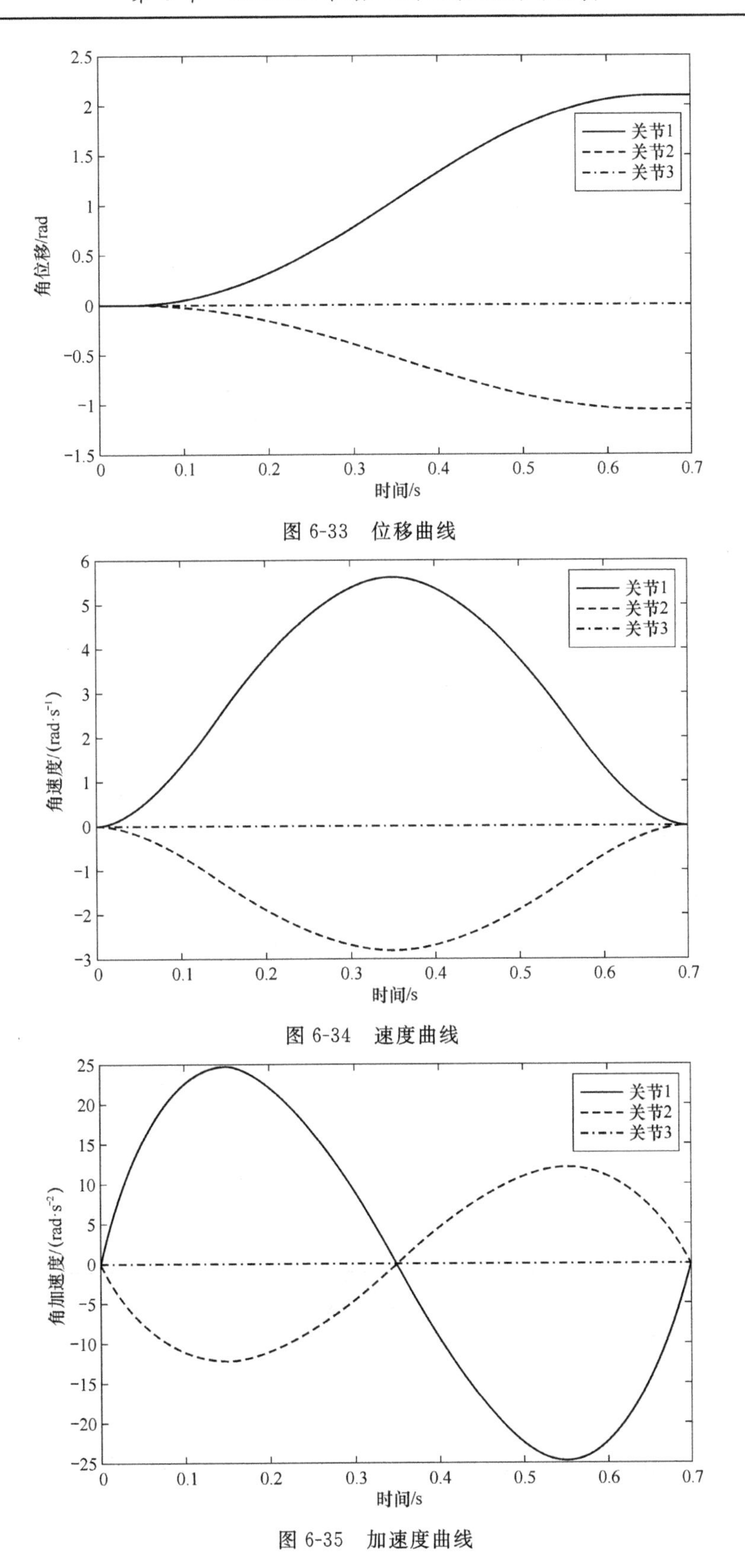

图 6-33　位移曲线

图 6-34　速度曲线

图 6-35　加速度曲线

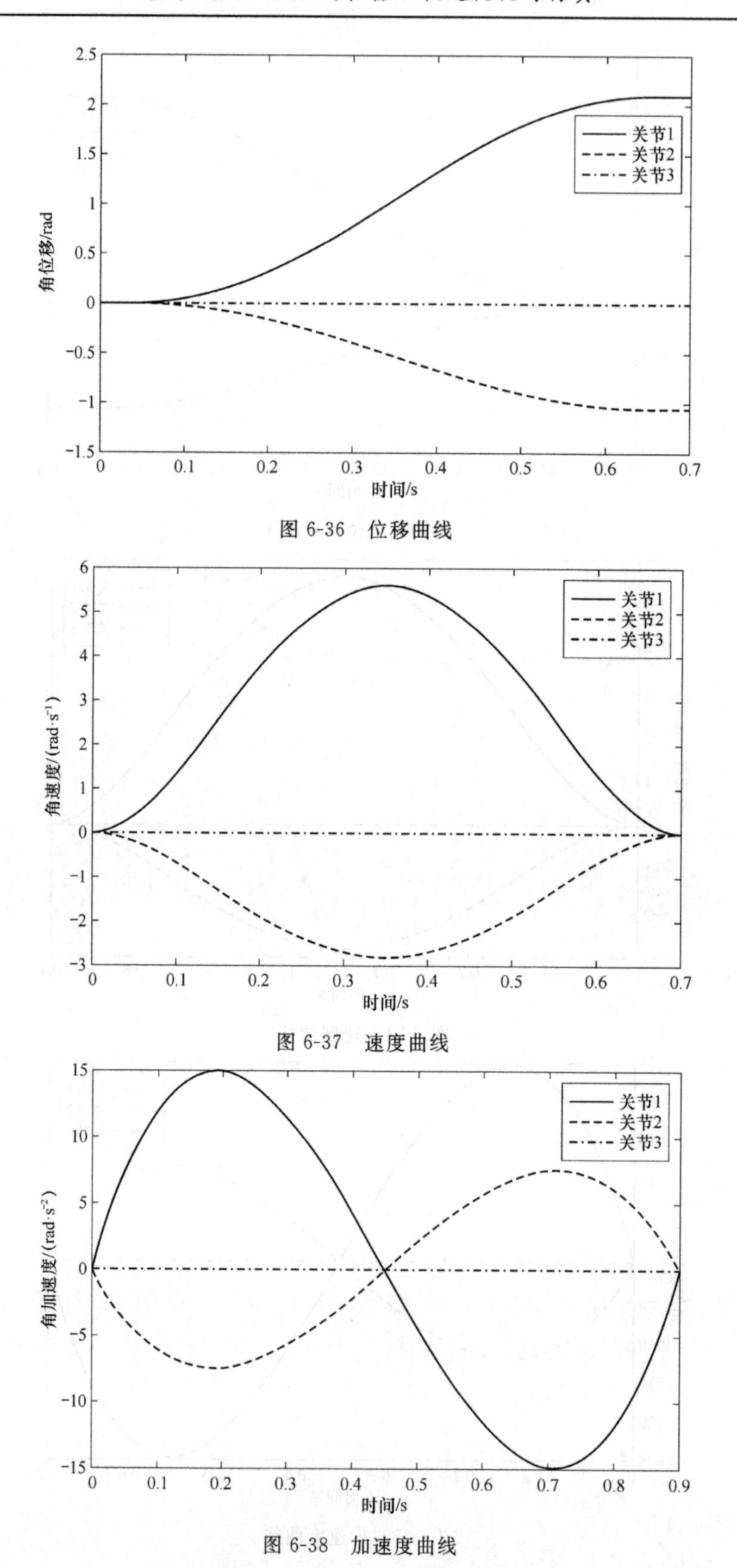

图 6-36　位移曲线

图 6-37　速度曲线

图 6-38　加速度曲线

通过选用不同的采样时间，仿真得出不同位移、速度和加速度的曲线图，能够看出机械臂在速度、加速度限定的情况下，完成一个工作过程的最短时间近似为 0.9 s。

为了更加清楚地看出机械臂完成一个完整过程时其各关节的速度，通过软件仿真得出了如图 6-39 所示的连续速度曲线图。

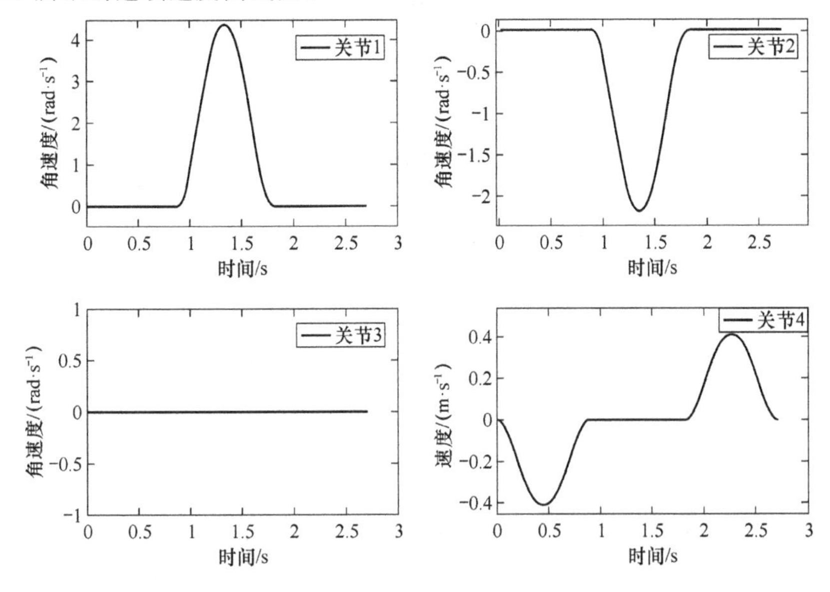

图 6-39 连续速度曲线图

图 6-39 中第一阶段关节 1、关节 2 和关节 3 都未发生运动，所以其速度为 0。第二阶段关节 3 和关节 4 都未发生运动，其速度为 0。第三阶段关节 1、关节 2 和关节 3 都未发生运动，其速度为 0。从前文可知机械臂在一个完整的运动过程中，每一个关节的速度曲线都连续，并且完全符合速度要求。

6.7 雅可比矩阵的速度分析

本节在之前关节空间与笛卡儿空间轨迹规划的基础上，运用一种数值方法来引入机器人的雅可比矩阵。本节通过雅可比矩阵分析变换坐标系之间的速度变换，变换不同角度表示方法之间的角速度，并推算出操作空间的速度矢量。下面基于 MATLAB 机器人工具箱进行速度分析与仿真，具体程序见附录 9。

通过图 6-40 可以看出，末端执行器可以在 y 方向和 z 方向上实现比 x 方向上更高的速度。

基于 MATLAB 中的 Simulink 功能在末端执行器以恒定的速度运动时，分析机械臂各关节速度与末端执行器空间速度之间的联系。分解速率运动控制的 Simulink 模型 sl_rrmc 如图 6-41 所示。

通过提取时间和关节坐标运用正运动学来确定末端执行器的位置，并绘制出位移随时间变换的曲线，如图 6-42 所示。

如图 6-42 所示，笛卡儿运动在 x 方向和 z 方向上存在一些扰动，通过仿真可得出机械臂前 3 个关节的运动，如图 6-43 所示。

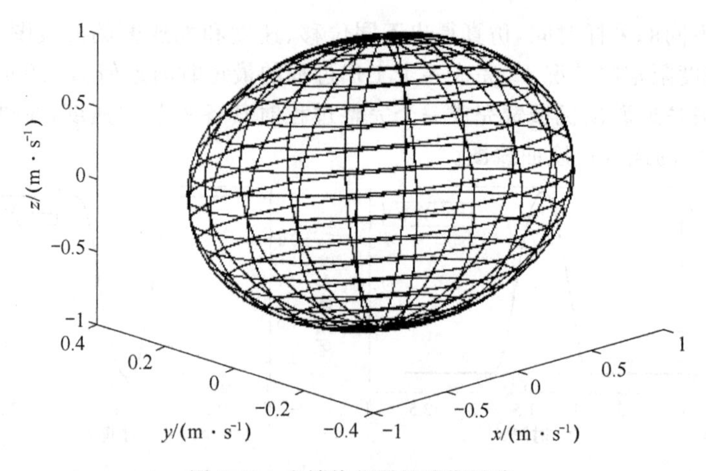

图 6-40 末端执行器的速度椭球

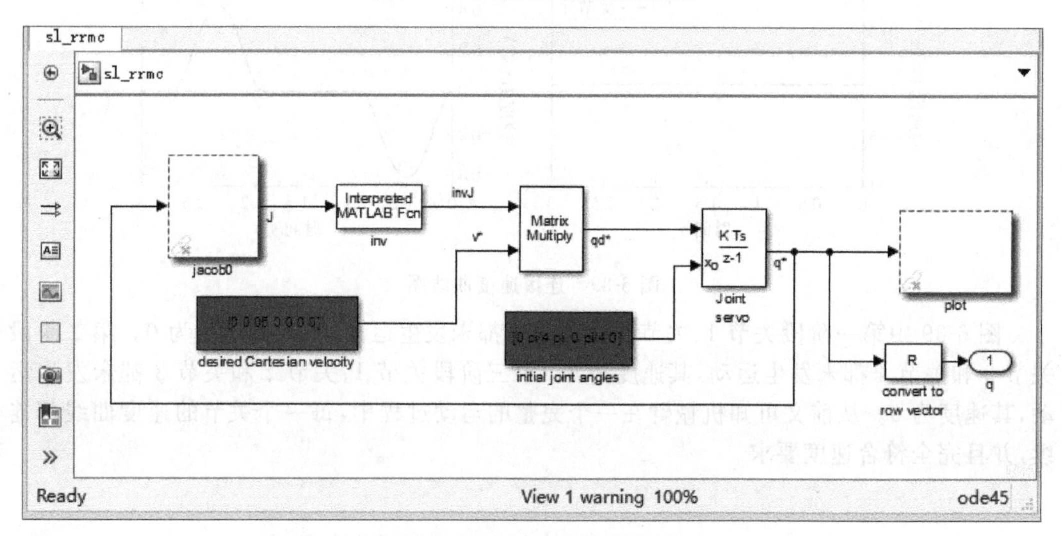

图 6-41 分解速率运动控制的 Simulink 模型 sl_rrmc

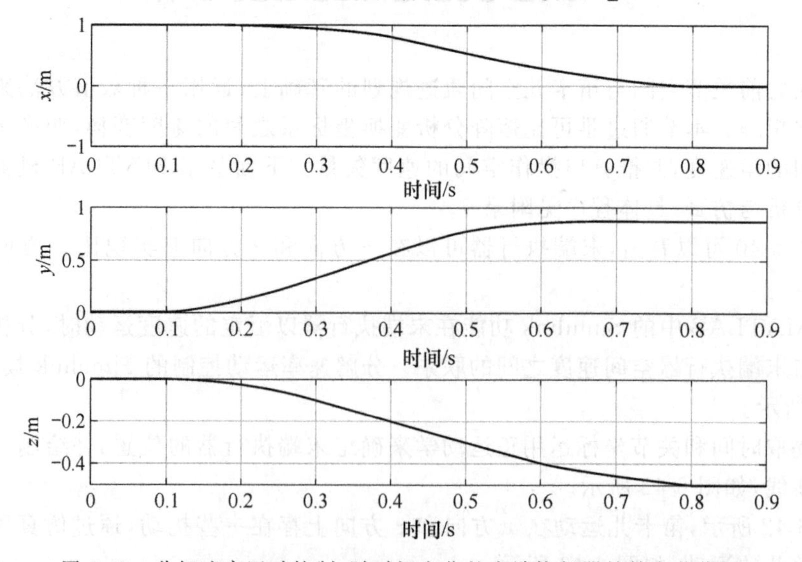

图 6-42 分解速率运动控制，随时间变化的末端执行器的笛卡儿位置

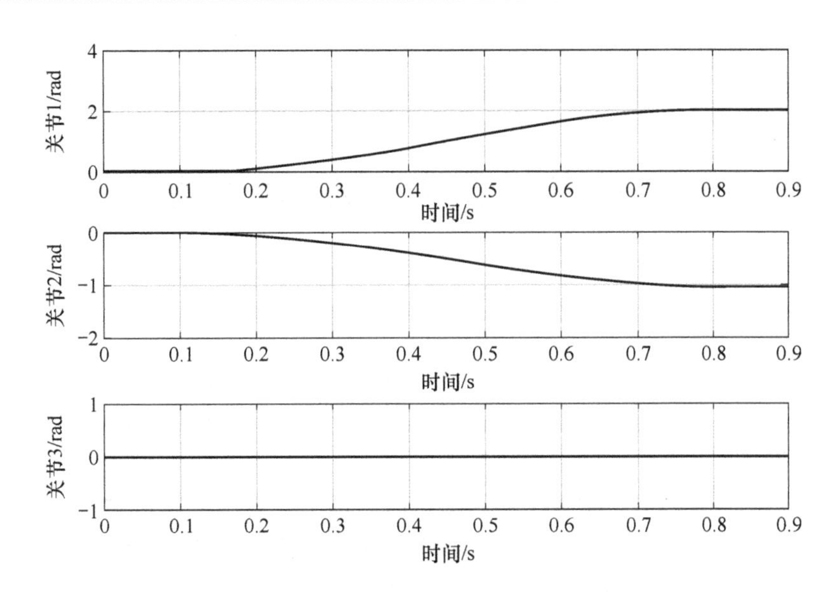

图 6-43　分解速率运动控制，随时间变化的关节坐标

通过上面应用雅克比矩阵对机械臂的速度的分析，可以清楚地得知关节坐标变化率与末端执行器空间速度之间的线性关系，以及用于饼干包装的 SCARA 机器人优化时的速度规划。

第7章　双臂机器人运动学规划与仿真

双臂机器人是目前研究的一个热点，应用也较多，例如，地震双臂救援机器人主要用于地震灾害后救援任务中，起到搬运小块地震废墟的作用，双机械臂在该环境中能够保证其稳定性。

本章所分析的双臂救援机器人是由结构相同的两个5自由度单机械臂组成的，每个机械臂具有5个旋转自由度，本章通过建立D-H坐标系对机械臂进行运动学正解算和运动学逆解算，基于MATLAB机器人工具箱建立连杆模型并进行验证。

7.1 双臂机器人的运动学分析

本章研究的双臂机器人，每个机械臂是由5个旋转自由度组成的，如图7-1所示，从左至右依次为回转自由度、俯仰自由度、俯仰自由度、俯仰自由度、回转自由度。该机械臂每个关节由4个参数θ_i、d_i、a_{i-1}、α_{i-1}来描述，通过该机械臂的关节转换可列出D-H表，表7-1为该机械臂的D-H参数。

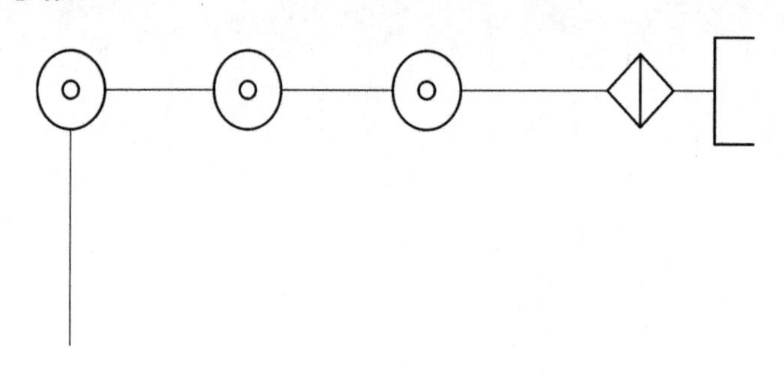

图7-1　机械臂结构简图

表7-1　机械臂D-H参数

关节	θ_i	d_i	a_{i-1}	α_{i-1}
1	θ_1	0.3	0	pi/2
2	θ_2	0	0.3	0
3	θ_3	0	0.4	0
4	θ_4	0	0	pi/2
5	θ_5	0.4	0	−pi/2

7.1.1　双臂机器人的正运动学分析

建立单臂机器人坐标系,图 7-2 为双臂机器人各关节坐标转换图。

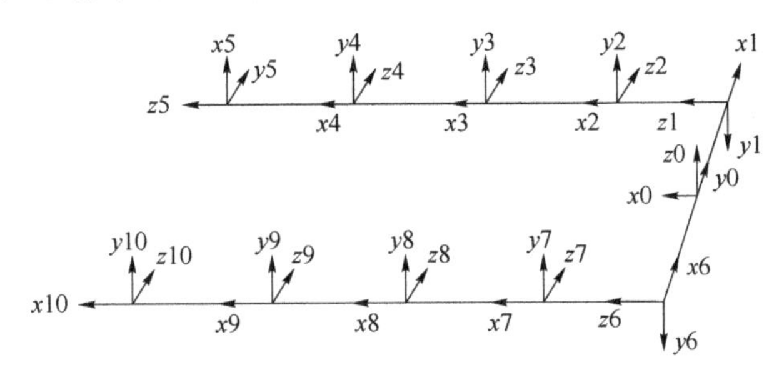

图 7-2　双臂机器人各关节坐标转换图

下面根据双臂机器人的机械臂各关节坐标变换对机械臂建立正运动学方程。

$$\boldsymbol{T}_1^0=\begin{pmatrix} c_1 & -s_1 & 0 & 0 \\ s_1 & c_1 & 0 & 0 \\ 0 & 0 & 1 & 0 \\ 0 & 0 & 0 & 1 \end{pmatrix} \tag{7-1}$$

$$\boldsymbol{T}_2^1=\begin{pmatrix} 1 & 0 & 0 & 0 \\ 0 & 0 & 1 & 0 \\ 0 & -1 & 0 & 0 \\ 0 & 0 & 0 & 1 \end{pmatrix}\begin{pmatrix} c_2 & -s_2 & 0 & 0 \\ s_2 & c_2 & 0 & 0 \\ 0 & 0 & 1 & 0 \\ 0 & 0 & 0 & 1 \end{pmatrix}=\begin{pmatrix} c_2 & -s_2 & 0 & 0 \\ 0 & 0 & 1 & 0 \\ -s_2 & -c_2 & 0 & 0 \\ 0 & 0 & 0 & 1 \end{pmatrix} \tag{7-2}$$

$$\boldsymbol{T}_3^2=\begin{pmatrix} 1 & 0 & 0 & a_2 \\ 0 & 1 & 0 & 0 \\ 0 & 0 & 1 & 0 \\ 0 & 0 & 0 & 1 \end{pmatrix}\begin{pmatrix} c_3 & -s_3 & 0 & 0 \\ s_3 & c_3 & 0 & 0 \\ 0 & 0 & 1 & 0 \\ 0 & 0 & 0 & 1 \end{pmatrix}=\begin{pmatrix} c_3 & -s_3 & 0 & a_2 \\ s_3 & c_3 & 0 & 0 \\ 0 & 0 & 1 & 0 \\ 0 & 0 & 0 & 1 \end{pmatrix} \tag{7-3}$$

$$\boldsymbol{T}_4^3=\begin{pmatrix} 1 & 0 & 0 & a_3 \\ 0 & 1 & 0 & 0 \\ 0 & 0 & 1 & 0 \\ 0 & 0 & 0 & 1 \end{pmatrix}\begin{pmatrix} c_4 & -s_4 & 0 & 0 \\ s_4 & c_4 & 0 & 0 \\ 0 & 0 & 1 & 0 \\ 0 & 0 & 0 & 1 \end{pmatrix}=\begin{pmatrix} c_4 & -s_4 & 0 & a_3 \\ s_4 & c_4 & 0 & 0 \\ 0 & 0 & 1 & 0 \\ 0 & 0 & 0 & 1 \end{pmatrix} \tag{7-4}$$

$$\boldsymbol{T}_5^4=\begin{pmatrix} 1 & 0 & 0 & 0 \\ 0 & 0 & -1 & 0 \\ 0 & 1 & 0 & 0 \\ 0 & 0 & 0 & 1 \end{pmatrix}\begin{pmatrix} c_5 & -s_5 & 0 & 0 \\ s_5 & c_5 & 0 & 0 \\ 0 & 0 & 1 & 0 \\ 0 & 0 & 0 & 1 \end{pmatrix}=\begin{pmatrix} -c_5 & -s_5 & 0 & 0 \\ 0 & 0 & -1 & 0 \\ s_5 & c_5 & 0 & 0 \\ 0 & 0 & 0 & 1 \end{pmatrix} \tag{7-5}$$

由上文所求解的 $\boldsymbol{T}_1^0$、$\boldsymbol{T}_2^1$、$\boldsymbol{T}_3^2$、$\boldsymbol{T}_4^3$、$\boldsymbol{T}_5^4$ 可以算得机械臂运动学方程 $\boldsymbol{T}_5^0$:

$$\boldsymbol{T}_5^0=\boldsymbol{T}_1^0\times\boldsymbol{T}_2^1\times\boldsymbol{T}_3^2\times\boldsymbol{T}_4^3\times\boldsymbol{T}_5^4=\begin{pmatrix} r_{11} & r_{12} & r_{13} & p_x \\ r_{21} & r_{22} & r_{23} & p_y \\ r_{31} & r_{32} & r_{33} & p_z \\ 0 & 0 & 0 & 1 \end{pmatrix} \tag{7-6}$$

$$r_{11}=c_1c_5(c_{23}c_4-s_{23}s_4)-s_1s_5 \tag{7-7}$$

$$r_{12}=s_1c_1(c_{23}c_4-s_{23}s_4)+s_5c_1 \tag{7-8}$$

$$r_{13}=-c_5(s_{23}c_4-c_{23}s_4) \tag{7-9}$$

$$r_{21}=-c_1s_5(c_{23}c_4-s_{23}s_4)-s_1s_5 \tag{7-10}$$

$$r_{22}=-s_1s_5(c_{23}c_4-s_{23}s_4)+c_1c_5 \tag{7-11}$$

$$r_{23}=s_5(s_{23}c_4-c_{23}s_4) \tag{7-12}$$

$$r_{31}=c_1(s_{23}c_4+c_{23}s_4) \tag{7-13}$$

$$r_{32}=s_1(s_{23}c_4+c_{23}s_4) \tag{7-14}$$

$$r_{33}=c_{23}c_4-s_{23}s_4 \tag{7-15}$$

$$p_x=c_1(c_{23}a_3+a_2c_2) \tag{7-16}$$

$$p_y=s_1(a_3c_{23}+a_2c_2) \tag{7-17}$$

$$p_z=-(a_{23}s_{23}+s_2a_2) \tag{7-18}$$

上述各式中 s_i 表示 $\sin\theta_i$，c_i 表示 $\cos\theta_i$，s_{ij} 表示 $\sin(\theta_i+\theta_j)$，c_{ij} 表示 $\cos(\theta_i+\theta_j)$。

7.1.2 双臂机器人的逆运动学分析

通过运动学正解算得到的矩阵表示该机器人机械臂末端执行器的位姿，通过运动学逆解算可以得到机械臂各关节的位移，从而控制机械臂的运动。

假设机械臂末端位姿矩阵 $\boldsymbol{T}_5^0=\begin{pmatrix} r_{11} & r_{12} & r_{13} & p_x \\ r_{21} & r_{22} & r_{23} & p_y \\ r_{31} & r_{32} & r_{33} & p_z \\ 0 & 0 & 0 & 1 \end{pmatrix}$ 已知，即 $\boldsymbol{T}_5^0=\begin{bmatrix} n_x & o_x & a_x & p_x \\ n_y & o_y & a_y & p_y \\ n_z & o_z & a_z & p_z \\ 0 & 0 & 0 & 1 \end{bmatrix}$ 已知，

根据式(7-17)/ 式(7-16)得：

$$\frac{p_y}{p_x}=\frac{s_1(c_{23}a_3+c_2a_2)}{c_1(c_{23}a_3+c_2a_2)}=\tan\theta_1 \tag{7-19}$$

$$\theta_1=\text{atan}[2(p_y,p_x)] \tag{7-20}$$

根据式(7-14)/ 式(7-13)得：

$$\frac{r_{32}}{r_{31}}=\frac{o_z}{n_z}=-\tan\theta_5 \tag{7-21}$$

$$\theta_5=\text{atan}[2(o_z,-n_z)] \tag{7-22}$$

知道了机械臂的位置后，由式(7-6)得：

$$[\boldsymbol{T}_1^0]^{-1}\boldsymbol{T}_5^0=\boldsymbol{T}_2^1\boldsymbol{T}_3^2\boldsymbol{T}_4^3\boldsymbol{T}_5^4 \tag{7-23}$$

因为式(7-23)两边(2,2)与(2,3)相等得：

$$c_1p_x+s_1p_y=c_{23}a_3+c_2a_2 \tag{7-24}$$

$$p_z=-(s_{23}a_3+s_2a_2) \tag{7-25}$$

式(7-24)和式(7-25)左右平方相加得：

$$c_2(c_1p_x+s_1p_y)-s_2p_z=\frac{a_3^2-(c_1p_x+s_1p_y)^2-a_2^2-p_z^2}{2a_2} \tag{7-26}$$

因此得：

$$\theta_2=\text{atan}[2(K,\pm\sqrt{P^2-K^2})]+\text{atan}[2(c_1p_x+s_1p_y,p_z)] \tag{7-27}$$

其中：

$$K=\frac{a_3^2-(c_1p_x+s_1p_y)^2-a_2^2-p_z^2}{2a_2} \tag{7-28}$$

$$P=\sqrt{[-(c_1p_x+s_1p_y)]^2+{p_z}^2} \tag{7-29}$$

得到机械臂位置，由式(7-6)得：

$$[\boldsymbol{T}_3^2]^{-1}[\boldsymbol{T}_2^1]^{-1}[\boldsymbol{T}_1^0]^{-1}\boldsymbol{T}_6^0=\boldsymbol{T}_4^3\boldsymbol{T}_5^4 \tag{7-30}$$

式(7-30)两边(1,4)与(2,4)相等得：

$$c_1s_{23}p_x+s_1s_{23}p_y+c_{23}p_z=0 \tag{7-31}$$

$$c_1c_{23}p_x+s_1c_{23}p_y+s_{23}p_z=a_3 \tag{7-32}$$

$$\frac{-c_1s_2p_x-s_1s_2p_y-c_2p_z}{c_1c_2p_x+s_1c_2p_y-s_2p_z-a_2}=\tan\theta_3 \tag{7-33}$$

$$\theta_3=\operatorname{atan}[2(-c_1s_2p_x-s_1s_2p_y-c_2p_z,c_1c_2p_x+s_1c_2p_y-s_2p_z-a_2)] \tag{7-34}$$

使式(7-30)两边(1,3)与(2,3)相等得：

$$c_1c_{23}r_{31}+c_1s_{23}r_{32}-s_{23}r_{33}=s_4 \tag{7-35}$$

式(7-30)/式(7-27)得：

$$\theta_4=\operatorname{atan}[2(c_1c_{23}r_{31}+c_1c_{23}r_{32}-s_{23}r_{33},c_1s_{23}r_{31}+s_1s_{23}r_{32}+c_{23}r_{33})] \tag{7-36}$$

7.2　基于 MATLAB 的工作空间仿真

工作空间定义为：不同关节运动所达到的末端执行器的所有位置的集合，该集合称为可达工作空间。对于一个机器人的工作空间来说，通过它的大小就能够知道机器人的活动范围，这也间接地显示出了机器人的工作能力。因此，目前来说机器人工作空间的求解是机器人设计研发过程中不可或缺的一部分。因此，本章对双臂机器人的工作空间进行了仿真。

目前，机器人工作空间的求解方法主要有解析法、图解法以及数值法。解析法通过多次包络来确定工作空间边界，但是这种方法直观性不强，而且相对繁琐；相较而言，图解法所求解的工作空间直观性较强，但也受限于自由度数，关节数目过多时就必须要通过分组的形式来进行处理；数值法是以极值理论和优化方法为基础的，计算机器人工作空间边界曲面上的特征点，构成边界曲线，再构成边界曲面，其具有代表性的方法为蒙特卡罗法。

7.2.1　仿真法的基本原理与方法

采用 MATLAB 中的工具箱，参照机器人结构简图对机器人建立连杆模型，并对该机器人建立的连杆模型进行运动过程的运动学分析，通过机器人机械臂末端执行器的轨迹变化采集数据，最后在 MATLAB 上编程得出工作空间，并将其投影到 3 个平面上。

救援双臂机器人工作空间的求解步骤为：

① 建立机器人的结构简图，确定各关节转角的范围；

② 根据结构简图建立机器人机械臂连杆模型；

③ 跟踪机械臂运动轨迹，采集数据；

④ 编写程序，处理图形。

7.2.2 基于 MATLAB 的工作空间图形的生成

循环程序框图如图 7-3 所示。

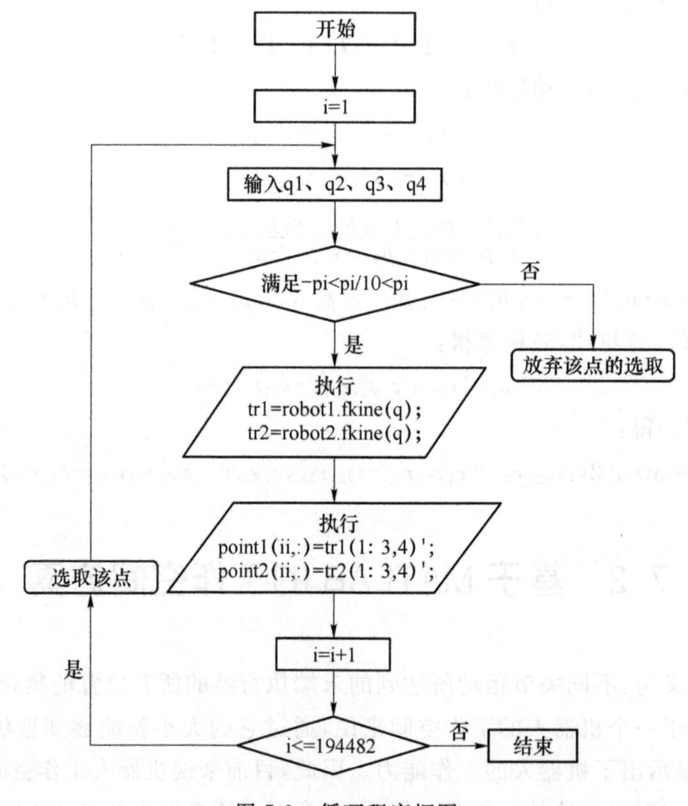

图 7-3 循环程序框图

将仿真图形分别向 xOy、xOz、yOz 面上投影，如图 7-4、图 7-5、图 7-6、图 7-7 所示。程序如下：

```
figure(10)
plot3(point1(:,1),point1(:,2),point1(:,3),'y.');hold on
plot3(point2(:,1),point2(:,2),point2(:,3),'g.');hold on
figure(11)
plot(point1(:,1),point1(:,2),'y.');hold on
plot(point2(:,1),point2(:,2),'g.');hold on
figure(12)
plot(point1(:,3),point1(:,2),'y.');hold on
plot(point2(:,3),point2(:,2),'g.');hold on
figure(13)
plot(point1(:,1),point1(:,3),'y.');hold on
plot(point2(:,1),point2(:,3),'g.');hold on
pause(11);
```

通过对机器人工作空间的求解，能从图 7-4 中很直观、清楚地看到双臂机器人的工作空间，其能够在相当大的空间内进行工作，具有很好的运动能力，为实现机器人其他功能动作提供了参考依据。

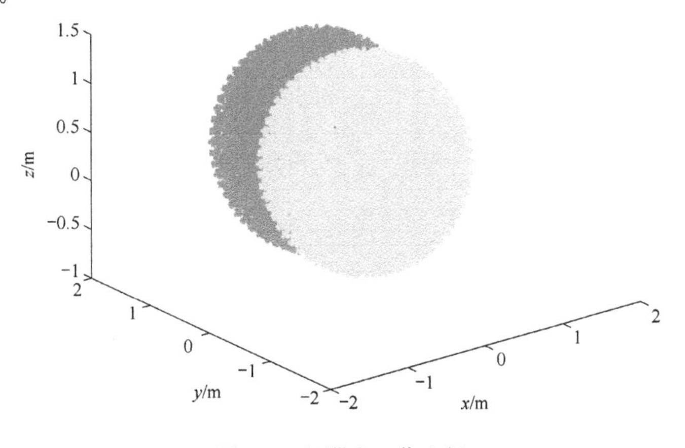

图 7-4　机器人工作空间

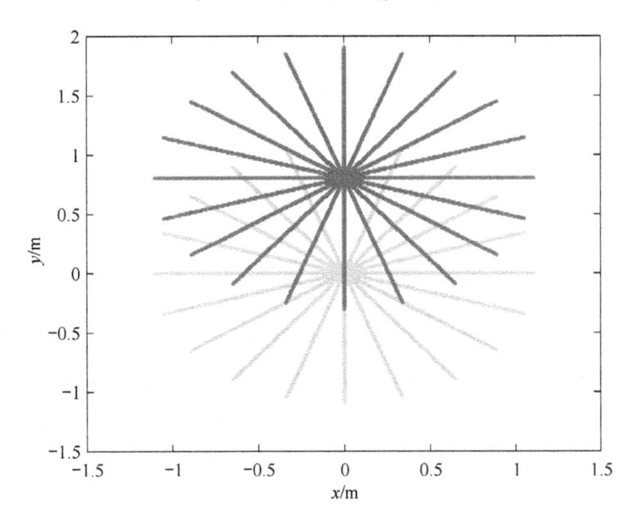

图 7-5　工作空间在 xOy 面的投影

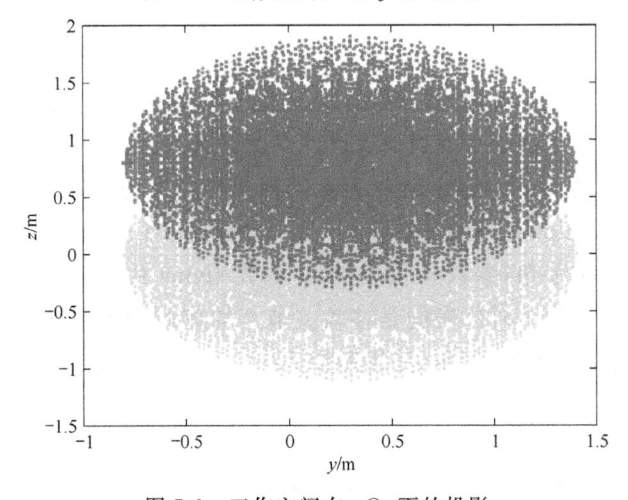

图 7-6　工作空间在 yOz 面的投影

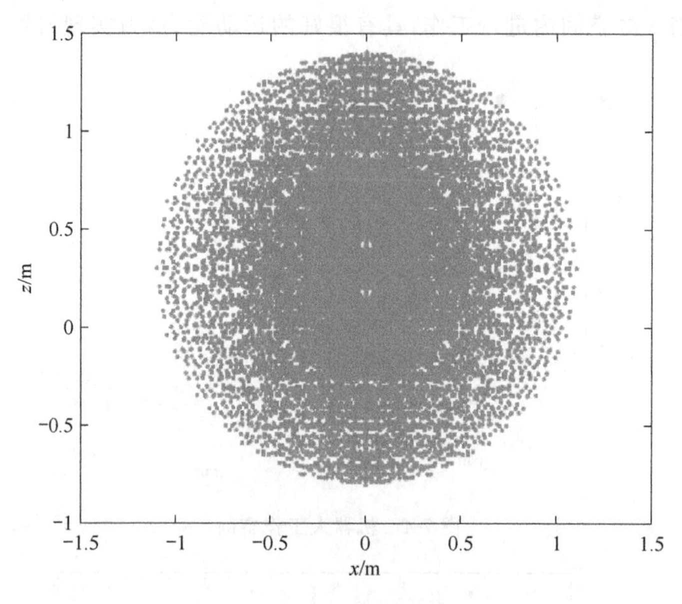

图 7-7 工作空间在 xOz 面的投影

7.3 双臂机器人的轨迹规划仿真

近几十年来,随着人工智能不断地发展,机器人在当今社会的应用领域越来越广泛,相对应地,机器人技术也越来越成熟。在这样的条件下,人们对于机器人的性能要求也在不断地提高。在当前这种形势下,机器人的运动学分析、机器人控制器的优化、机器人运动轨迹的优化、机器人仿真系统的开发等成为当下机器人研究的重点。对于机器人仿真而言,它是指把机器人运动学、动力学、机构学等动态特性通过计算机可视化,以数据曲线和图形的方式展示机器人的运动。

7.3.1 模型的建立

通过对双臂机器人的运动学分析和其 D-H 法坐标系的建立,求得了该双臂机器人的 D-H坐标转换矩阵。首先通过 MATLAB 软件中的机器人工具箱对该机器人进行关节构建,在 MATLAB 中采用 Link 函数,Link 函数涵盖了机器人的运动学参数、动力学参数等,常用形式为 L=Link([alpha a theta d sigma])。参数 alpha 代表扭转角,参数 a 代表杆件长度,参数 theta 代表关节角,参数 d 代表横距,参数 sigma 代表关节类型,sigma 为 0 时代表的是转动关节,sigma 为 1 时代表的是移动关节。构建好的关节再通过函数连接起来构成机器人的连杆模型,如图 7-8 所示,其程序如下:

```
close all
clc;clear;
L1 = Link('d',0.3,'a',0,'alpha',pi/2,'offset',0);
L2 = Link('d',0,'a',0.3,'alpha',0,'offset',0);
```

```
L3 = Link('d',0,'a',0.4,'alpha',0,'offset',0);
L4 = Link('d',0,'a',0,'alpha',pi/2,'offset',0);
L5 = Link('d',0.4,'a',0,'alpha', - pi/2,'offset',0);
scale = 0.8;
robot1 = SerialLink([L1 L2 L3 L4 L5 ],'name','R1');
R1 = Link('d',0.3,'a',0,'alpha',pi/2,'offset',0);
R2 = Link('d',0,'a',0.3,'alpha',0,'offset',0);
R3 = Link('d',0,'a',0.4,'alpha',0,'offset',0);
R4 = Link('d',0,'a',0,'alpha',pi/2,'offset',0);
R5 = Link('d',0.4,'a',0,'alpha', - pi/2,'offset',0);
robot2 = SerialLink([R1 R2 R3 R4 R5 ],'name','R2');
robot2.base(1,4) = robot1.base(1,4);
robot2.base(2,4) = robot1.base(2,4) + 0.8;
robot2.base(3,4) = robot1.base(3,4);
q = [0 pi/2 - pi/2 pi/2 0];
robot1.plot(q,'scale',scale);hold on
robot2.plot(q,'scale',scale);
```

其中,L1、L2、L3、L4、L5 为机械臂左臂的各关节连杆模型,R1、R2、R3、R4、R5 为机械臂右臂的各关节连杆模型。

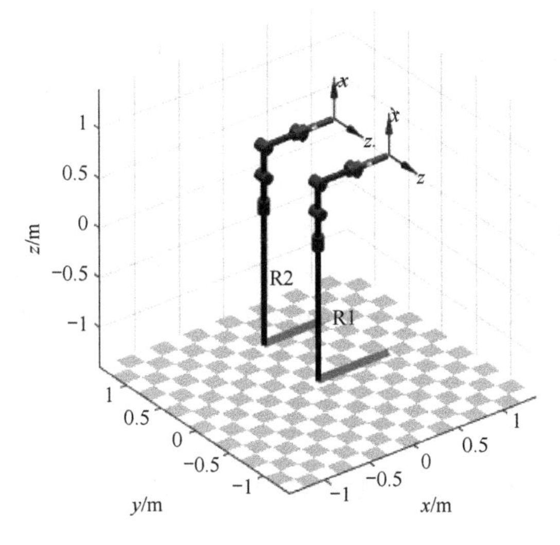

图 7-8　救援双臂机器人模型

7.3.2　双臂机器人的运动仿真

建立机器人连杆模型,可以利用 MATLAB 软件中的 plot 图形演示进而得到机械臂的连杆模型。如图 7-9 所示,机械臂处于初始位置。当运动结束时,机械臂的终止位置如图 7-10 所示。其程序见附录 10。

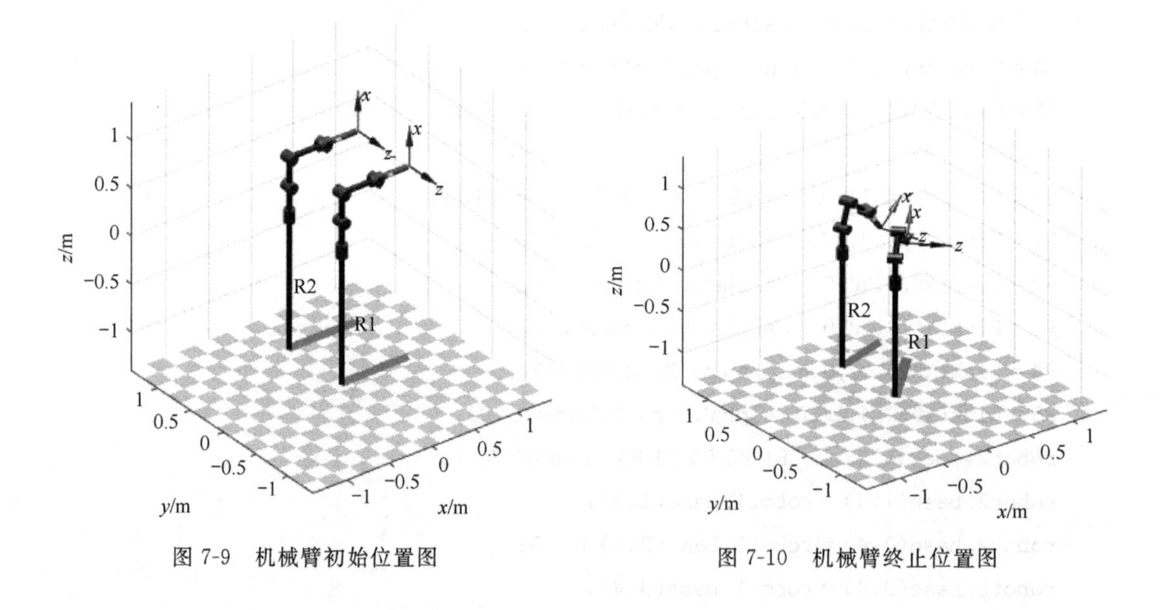

图 7-9 机械臂初始位置图　　　　图 7-10 机械臂终止位置图

7.3.3 机器人的轨迹规划

双臂机器人相较于单臂机器人能够更好地适应工作环境，能够自主作业，也能够极好地利用工作空间，但是想要实现这些优势就要解决机器人的轨迹规划问题。既要保证两个机械臂同时运动，又要保证不能产生干涉，使两个机械臂之间发生自碰，或者使机械臂与运动途中的障碍物发生碰撞。

双臂机器人在进行任务时可以根据运动学正解算通过已知的初始位置来求解末端执行器的位置，在初始位置和终止位置都已知的情况下，就可以把从初始位置到终止位置的这段路程进行规划，进而得到期望的行动路线。

机器人通过轨迹规划仿真来描述其运动过程。本书针对双臂机器人的关节空间来进行轨迹规划，通过调用 MATLAB 中的 jtraj 函数进行编程，最终得到机器人机械臂在关节空间下的轨迹规划。jtraj 函数在 MATLAB 中的常用调用格式是：[q，qd，qdd]＝jtraj(qz，qr，t)。其中：q 是关节位移，qd 是关节速度，qdd 是关节加速度，qz 为初始关节角，qr 为终止关节角，t 为运行时间。

本书所规划的机器人轨迹是从“newQ1＝ [0，pi/2，－pi/2，pi/2，0]；”到“newQ2＝ [0，pi/2，－pi/2，pi/2，0]；”。

仿真得到的该机器人机械臂末端执行器的位移、速度、加速度曲线如图 7-11、图 7-12 所示。

对机器人机械臂末端执行器进行轨迹规划后，能够得到各关节的位移、速度、加速度曲线。程序见附录 11。

通过本书对机器人末端执行器和各关节位移、速度、加速度曲线的分析，我们可以进行相互对比分析。

图 7-11 所示是机器人机械臂从初始位置到达搬运目标位置的运动过程，通过图中曲线我们可以清楚地看出末端执行器及各关节在这一运动过程中位移、速度、加速度曲线连续平缓。

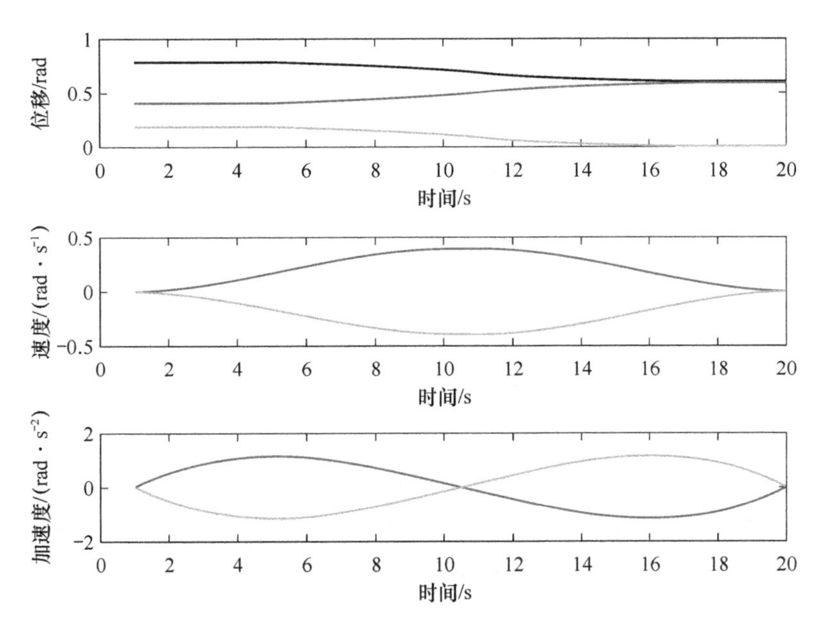

图 7-11　位移、速度、加速度曲线

图 7-12 所示是机器人机械臂从搬运目标位置到终止位置的运动过程，这一段过程的位移、速度、加速度曲线同样是连续平缓的。

通过两段过程位移、速度、加速度曲线的连续平缓，可以得出结论：机器人在整个运动过程中具有极好的稳定性能。

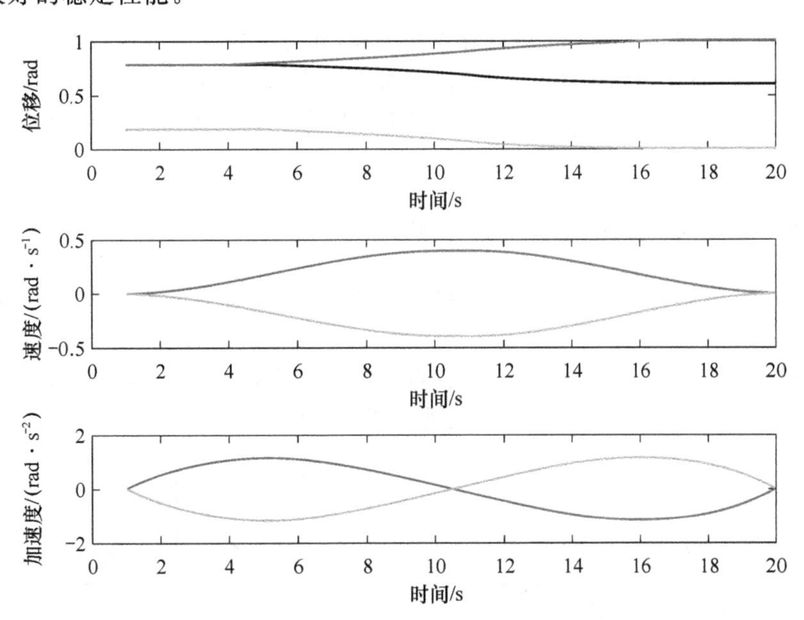

图 7-12　位移、速度、加速度曲线

第 8 章　基于遗传算法的避障轨迹优化

机械臂避障轨迹优化是指在工业机器人的工作环境中如果存在障碍物，通过算法找到从起始位置到目标位置之间的路径，并且机器人在运动的过程中不与障碍物相撞。

本章通过机械臂运动模型的分析，对机械臂进行运动学解算，并基于 5 次多项式函数对机械臂的各关节角位移进行规划；结合实际情况，对门形、球形类障碍物进行避障分析与优化仿真；在分析遗传算法中遗传算子对进化过程影响的基础上，采用一种改进遗传算法对避障轨迹进行优化设计，并基于 MATLAB 进行仿真。

8.1　机器人干涉分析

实际机械臂的三维机械结构非常复杂，直接采用实际结构进行干涉分析需要大量的运算和时间，在实际操作的过程中是不可取的。计算机械臂和空间障碍物之间的干涉可以将简化后的模型，通过空间几何关系进行分析和运算，并可以快速地得知是否发生干涉。

空间机械臂可简化为圆柱体，空间障碍物可简化成球体或长方体、多面体。本书采用的是将空间机械臂简化成圆柱体并将空间障碍物简化成球体，计算机械臂的各杆件和障碍物之间的空间位置关系。

8.1.1　圆柱体与球体之间的干涉

几何体分析：机械臂各杆件可以简化成一个圆柱体，障碍物可简化成一个球体，简化模型如图 8-1 所示。

C 为杆件向量，P_1、P_2 为关节坐标位置点。O 为障碍物的中心坐标。障碍物和杆件之间的距离就是 P_1P_2 与 O 的距离。几何关系如图 8-2 所示。

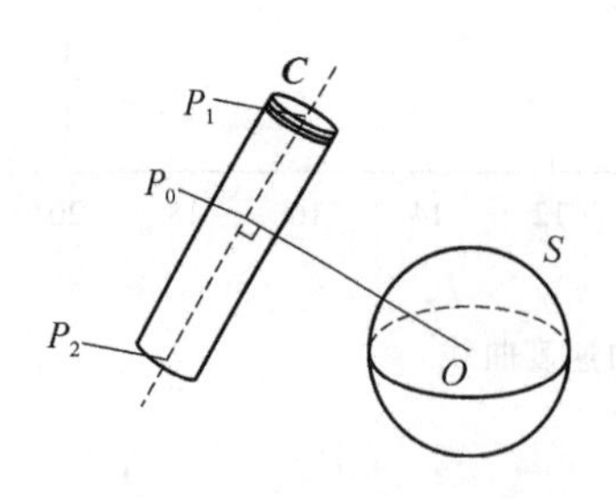

图 8-1　圆柱体-球体干涉模型

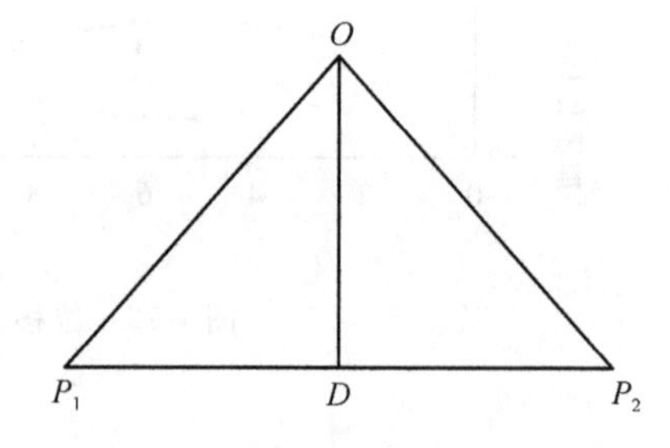

图 8-2　相对位置

关系 1：当角 OP_1D 和角 OP_2D 的余弦值都大于 0 且小于 1 时，点 O 在线段 P_1P_2 上的投

影为点 D,在这种情况下障碍物和杆件之间的距离就是线段 OD 的长度。因为 O、P_1、P_2 3 点的空间坐标已知,因此可以求得三角形 3 边的长度值,根据海伦公式可知三角形的面积 S 为:

$$S=\sqrt{p(p-a)(p-b)(p-c)} \tag{8-1}$$

其中 $p=\dfrac{a+b+c}{2}$,a、b、c 为三角形的 3 边长。

因为 O 在 P_1P_2 上的投影点是 D,因此可知 OD 的长度,即障碍物和杆件之间的距离。然后通过计算每一个杆件和障碍物之间的关系就可以判断出障碍物是否和机械臂杆件发生碰撞。

关系 2:当角 OP_1D 的余弦值小于等于 0 时,点 O 到线段 P_1P_2 的最短距离就是 P_1O 的长度。

关系 3:当角 OP_2D 的余弦值小于等于 0 时,点 O 到线段 P_1P_2 的最短距离就是 P_2O 的长度。

关系 4:当角 OP_2D 和角 OP_1D 的余弦值为 1 时,O 到 P_1P_2 距离为 0。

8.1.2 圆柱体与圆柱体之间的干涉

两个圆柱体之间的干涉分析模型如图 8-3 所示。

P_{11}、P_{12}、P_{21}、P_{22} 4 点为两个圆柱体的 4 个端点,P_{10}、P_{20} 为两个圆柱体之间的公法线和两个圆柱体轴线之间的交点。假设两个圆柱体的轴线方程为:

$$P_{l1}=P_{11}+\lambda_1 l_1, P_{l2}=P_{21}+\lambda_2 l_2 \tag{8-2}$$

其中参数 $l_1=P_{12}-P_{11}$,$l_2=P_{22}-P_{21}$,λ_1 和 λ_2 是比例参数,为自定义。

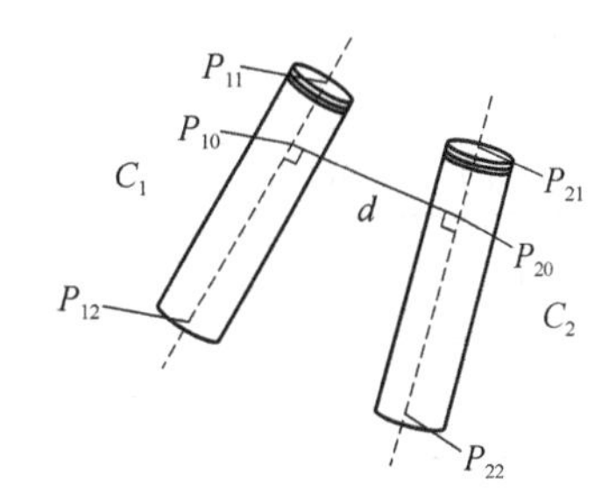

图 8-3　圆柱体-圆柱体干涉模型

通过构建两个圆柱体轴线的数学表达式,可将两个圆柱体之间的碰撞干涉分析转化为空间中两个线段之间的最短距离的问题。设线段间最短距离为 $d_{\min}$,圆柱半径为 r_1、r_2,若 $d_{\min}$ 大于 r_1、r_2 之和,不发生干涉,否则发生干涉。

计算两个圆柱体轴线之间最短距离的数学表达式为:

$$\min d(\lambda_1\lambda_2)=\|(P_{11}+\lambda_1 l_1)-(P_{21}+\lambda_2 l_2)\|^2 \tag{8-3}$$

通过式(8-3)可知,此函数求解问题是一个无约束的优化问题。由求解条件知:

$$\begin{cases}\lambda_1=\dfrac{(l_1l_2)[(P_{11}-P_{21})l_2]-\|l_2\|^2[(P_{11}-P_{21})l_1]}{\|l_1\|^2\ \|l_2\|^2-(l_1l_2)^2}\\[2ex]\lambda_2=\dfrac{(l_1l_2)[(P_{11}-P_{21})l_1]-\|l_1\|^2[(P_{11}-P_{21})l_2]}{\|l_1\|^2\ \|l_2\|^2-(l_1l_2)^2}\end{cases} \tag{8-4}$$

通过分析可以得出最短距离有以下几种情况:

$$d_{\min}=\begin{cases}\|P_{11}P_{21}\| & \lambda_2<0,\lambda_1<0\\ \|P_{11}P_{20}\| & 0<\lambda_2\leqslant 1,\lambda_1<0\\ \|P_{11}P_{22}\| & \lambda_2>1,\lambda_1<0\\ \|P_{10}P_{21}\| & \lambda_2<0,0\leqslant\lambda_1\leqslant 1\\ \|P_{10}P_{20}\| & 0\leqslant\lambda_2\leqslant 1,0\leqslant\lambda_1\leqslant 1\\ \|P_{10}P_{22}\| & 1<\lambda_2,0\leqslant\lambda_1\leqslant 1\\ \|P_{12}P_{21}\| & \lambda_2<0,0<\lambda_1\\ \|P_{12}P_{20}\| & 0\leqslant\lambda_2\leqslant 1,\lambda_1>1\\ \|P_{12}P_{22}\| & \lambda_1>1,\lambda_2>1\end{cases} \tag{8-5}$$

通过以上计算可以得出两圆柱体之间的最短距离为 $d'_{\min}=d_{\min}-r_1-r_2$，如果 $d'_{\min}$ 大于0，则两圆柱体不发生干涉，否则发生干涉。

通过分析机械臂和障碍物之间的位置关系，将机械臂和障碍物进行简化后再进行空间几何位置分析，从而可以简单快速地判断出机械臂在工作时是否和工作空间中的障碍物发生了碰撞。

8.2 遗传算法介绍

遗传算法是根据生物学特征，仿照生物进化过程的一种选择型的随机算法。遗传算法是美国的J. Holland在1975年第一次直接对结构对象进行操作的智能算法，在操作过程中对函数的连续性以及函数的求导条件没有太过严苛的要求。由于遗传算法采用的是随机选择的方法，因此根据目标函数值可以自主地选择搜索空间和方向。因此通过这种随机选择法可保证此算法在大范围全局优化选择中具有全局择优的能力。此外遗传算法没有对函数连续性的要求，参数对象是离散的，因此在优化的时候遗传算法具有很好的并行运算能力。遗传算法的基本过程如图8-4所示。

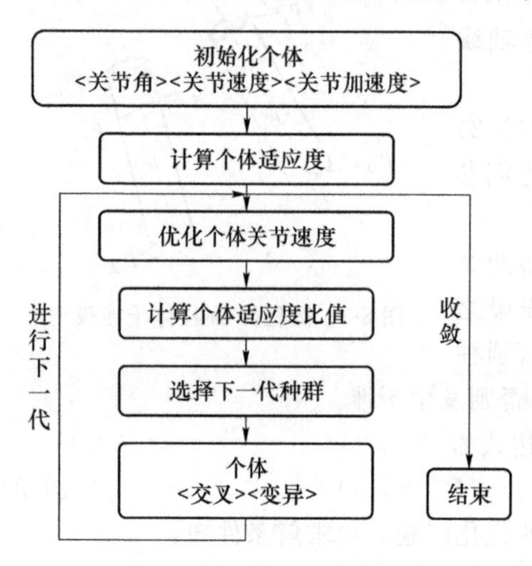

图8-4　遗传算法的基本过程

遗传算法的特点：一是搜索过程不是从单个特定解开始的，而是对多个解同时进行搜索，在搜索的时候可以同时覆盖大量的解，具有并行计算的特点；二是许多传统的优化算法是对单点进行搜索，因此在数量较为庞大的问题解中容易陷入在局部进行最优解的寻找的情况，而遗传算法在搜索的时候，同时对全部解进行搜索，这样就可以避免陷入局部搜索，有利于全局最优解的寻找；三是在搜索空间和搜索方向的判断上仅仅依靠给出的目标函数的值，通过目标函数值判断搜索方向以及搜索空间；四是由于遗传算法是借鉴生物界的自然进化机制而产生的智能算法，因此该算法具有很好的自组织、自适应的特点，通过多代的选择可以快速准确地得到最优解。

8.2.1 编码

种群中的每一个个体都包含着一些特征，每一个特征都可以当作染色体上的基因，在优化计算的过程中每一个个体的解就是一串基因的组合。遗传算法在一定条件下不能直接对问题参数进行优化选择，因此需要将问题中的参数转化成可操作的参数，将不同的参数组合成一个串(相当于染色体)，这种转换称为编码。

工业机械臂在进行运动路径的规划过程中需要考虑的参数是非常多的，但是在本书中只考虑机械臂的运动时间、运动角速度、运动角加速度、运动路径以及关节扭转角的关节角增量。本书采用的是6自由度的工业机械臂，机械臂运动过程中的特征参数有关节角、关节速度和关节加速度，染色体的18个参数为：

$$\begin{bmatrix} \theta_1 & \theta_2 & \theta_3 & \theta_4 & \theta_5 & \theta_6 \\ \dot{\theta}_1 & \dot{\theta}_2 & \dot{\theta}_3 & \dot{\theta}_4 & \dot{\theta}_5 & \dot{\theta}_6 \\ \ddot{\theta}_1 & \ddot{\theta}_2 & \ddot{\theta}_3 & \ddot{\theta}_4 & \ddot{\theta}_5 & \ddot{\theta}_6 \end{bmatrix} \tag{8-6}$$

对 θ_1、θ_2、θ_3、θ_4、θ_5、θ_6、$\dot{\theta}_1$、$\dot{\theta}_2$、$\dot{\theta}_3$、$\dot{\theta}_4$、$\dot{\theta}_5$、$\dot{\theta}_6$ 进行优化。工业机械臂在运动的过程中，每一个关节的关节扭转角的大小与关节扭转角速度和角加速度直接影响着机械臂的运动结果。因此将机械臂的关节扭转角、关节速度和关节加速度作为本书遗传算法的优化参数，进行避障轨迹规划。

8.2.2　适应度函数

在优化计算的时候哪些个体是好的，哪些是不好的，需要一个标准进行评判。评判的原则是使用适应度函数，这里的适应度值是特征组合判据的值，这个判据的值在遗传算法的选择中起到了决定性的作用。

工业机械臂本身的运动参数为各关节的关节角位移、运动路程的总运动时间。在运动时产生的参数为角速度、角加速度、路径长度等。目标函数为式(8-7)：

$$f_G = f_{ob} / (\eta_1 f_l + \eta_2 f_q + \eta_3 f_t) \tag{8-7}$$

式中：f_G 为适应度值，η_1、η_2、η_3 为加权系数，f_l 为机械臂末端执行器运动过的路径长度，f_q 为各关节的关节角增量之和，f_t 为路径上运动的总时间。

8.2.3　遗传算子

① 选择算子。选择算子可以根据个体适应度值占种群适应度比例组合成的串结构数据进行选择。个体的适应度占比越大，遗传到下一代的概率就越大。选择算子在遗传算法中起到了决定性的作用，选择算子不仅决定了遗传算法优化的方向，而且对算法的收敛性也有较大的影响。

本书采用轮盘赌选择法，基本思想如式(8-8)：

$$P_i = \frac{F_i}{\sum_{i=1}^{N} F_i} \quad i = 1,2,\cdots,N \tag{8-8}$$

式中：N 为种群数量，F_i 为第 i 个个体适应度值，P_i 为第 i 个个体被选中的概率。

② 交叉算子。交叉算子在进化中决定着算法的收敛性。常见的交叉操作有单点交叉、两点交叉、多点交叉和 OX 交叉等。本书采用单点交叉操作，过程如图 8-5 所示。

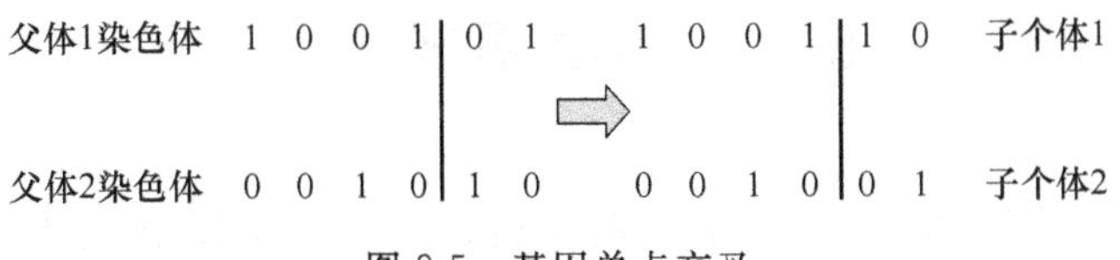

父体1染色体　1 0 0 1 | 0 1　⇨　1 0 0 1 | 1 0　子个体1

父体2染色体　0 0 1 0 | 1 0　　　0 0 1 0 | 0 1　子个体2

图 8-5　基因单点交叉

先随机选择两个个体，在个体的染色体上分别随机选择一个基因，将选中的基因进行交换，从而产生新个体。

③ 变异算子。除了基因交叉外，基因也可能变异，但是变异有一定的概率，概率大小通过变异算子确定。在染色体上随机选择一个基因并用它的等位基因替换。变异的过程同上

边的交叉过程相似，在选中的变异个体的染色体上随机选中一个基因并用它的等位基因进行代替，重新生成一个个体。变异的过程如图 8-6 所示。

染色体1 1 0 0 <u>1</u> 0 1 ⟶ 1 0 0 <u>0</u> 0 1 染色体2

图 8-6 基因的单点变异

8.2.4 算法的终止条件

遗传算法作为一种优化算法，在优化的过程当中需要一定的约束条件，而不是无休止地运行下去。因此终止条件可以为以下几种。

① 收敛条件。在进化到一定代数时，所有个体染色体上的基因相似度非常高，此时再进行遗传进化得到的结果并不会发生很大的变化，因此得到的结果就可以认为达到了收敛的条件。

② 时间条件。在优化计算的过程中，并不是遗传的代数没有固定，而是在遗传的时候给定一定的进化代数，当进化到给定的代数的时候就停止进化，从已经进化的个体中选择出较好的个体为最终的优化结果。

8.2.5 遗传算法的优缺点

经典遗传算法是一种种群寻优的智能算法，具有很多的优点，例如，简单便捷，运算速度快，稳健性好。但其也存在不足。一是进化容易出现早熟。由于在选择和交叉变异时完全依靠适应度值作为参考，在种群适应度较好的个体中的染色体基因更易迅速地扩散到整个种群的个体中，这样造成的结果就是种群中的个体容易失去多样性，遗传算法在整个进化的过程中也就是寻优的过程中可能会将搜索空间局限到整体搜索空间的某一个区域中，因此容易造成局部最优，而较难选择到全局最优解。二是遗传算法虽然有着比较好的种群寻优能力，容易在整体的搜索中找出空间中的群体解，但是在局部的搜索中搜索能力并不是很好，这样得到的结果是后期的搜索能力较差，甚至造成种群中最优个体的丢失。三是遗传算法操作的无方向性：在选择的过程中，交叉和变异是随机的，因此产生的新个体的好坏也是随机的，这样在进化中会造成遗传算法延缓种群中最优解的寻优进程。

自适应遗传算法是在经典遗传算法的基础上进行改进的一种算法。自适应遗传算法的交叉概率和变异概率是随着每一代的进化结果而改变的，因此在进化的时候不容易发生早熟显现，并且稳健性很好。本书采用自适应遗传算法对避障规划轨迹进行优化选择。

8.3 避障路径优化

考虑实际情况中的机械臂要在工作的时候达到避障的效果，因此本书以汽车生产线上的 ABB IRB 6640 180 型号的 6 自由度机械臂为参考类型。此型号的机器人主要应用在流水线上物体的搬运、机床的上下料和点焊等方面。机械臂的模型如图 8-7 所示。由于在 MATLAB 中进行轨迹规划和仿真，因此将选择的机械臂在 MATLAB 中建立连杆模型，如图 8-8 所示。

图 8-7　ABB IRB 6640 180 工业机器人

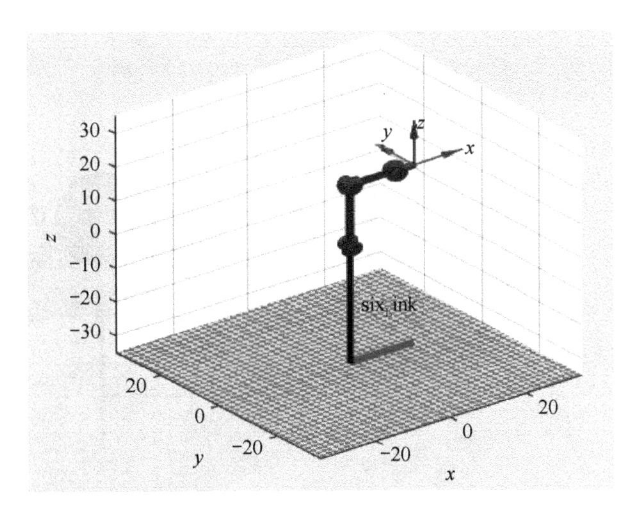

图 8-8　工业机器人仿真模型

8.3.1　工业机器人适应度函数

本书以 ABB IRB 6640 180 型号的工业机器人为研究对象，优化过程采用的适应度函数：

$$f_G = f_{ob} / (\eta_1 f_1 + \eta_2 f_q + \eta_3 f_t) \tag{8-9}$$

其中：f_G 为适应度值，η_1、η_2、η_3 为加权系数，f_1 为机械臂末端执行器运动的路径长度，f_q 为各关节的关节角增量之和，f_t 为路径上运动的总时间。

f_1 的求解：在进行轨迹规划的时候设机器人的实时中断周期为 t，总的运动时间为 $T_1 + T_2$，对于其中的一个障碍点来说，前后两段之间的周期数为 t/T_1、t/T_2，每个周期末端执行器的位置坐标之间的距离就是末端执行器走过的路径长度：

$$f_1 = \sum_{i=1}^{t/T_1+t/T_2} \left[(p_{i,x} - p_{i-1,x})^2 + (p_{i,y} - p_{i-1,y})^2 + (p_{i,z} - p_{i-1,z})^2 \right]^{1/2} \tag{8-10}$$

p 为每个周期对应的末端执行器的位置。关节角增量 f_q 计算如下：

$$f_q = \sum_{i=1}^{t/T_1+t/T_2} \sum_{j}^{6} (\mid q_{i,j} + q_{i-1,j} \mid) \tag{8-11}$$

式中 q_{ij} 是第 i 个周期、第 j 个关节角度值。

通过简化计算，当点和线段间距离大于指定距离时，$f_{ob}=1$，否则 $f_{ob}=0$。

8.3.2　遗传算法路径优化结果分析

在给定障碍物时，工业机械臂如何在工作空间中寻找到一个点，使机械臂在运动的时候（即从起始点经过中间点到目标点的过程中）不和障碍物发生碰撞，同时关节角以及关节角速度和角加速度的变化连续且平滑？因此本章通过自适应遗传算法和经典遗传算法进行优化并选择路径中间点，用 5 次多项式规划关节角位移的变化。障碍物简化成球体。路径优化结果如图 8-9 和图 8-10 所示。

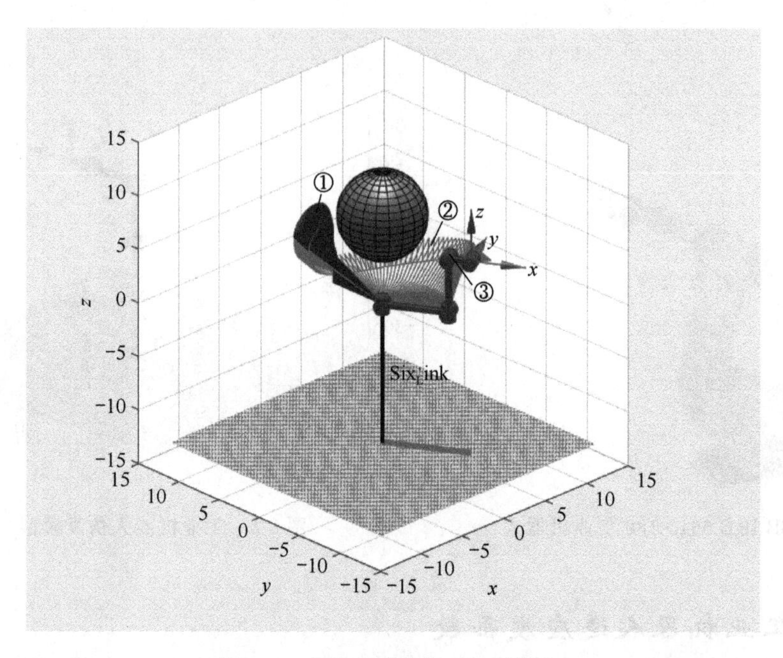

图 8-9　自适应遗传算法规划轨迹

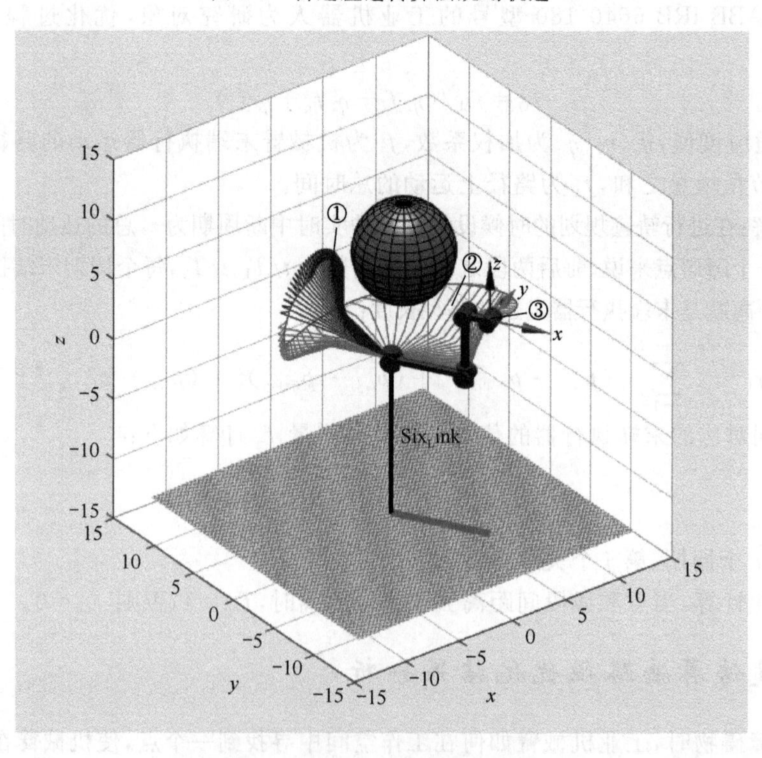

图 8-10　经典遗传算法规划轨迹

其中①部分(蓝色部分)为起点和中间点之间的机械臂扫过的路径,②部分(绿色部分)为中间点和目标点之间机械臂扫过的路径,③部分(红色部分)为末端执行器扫过的轨迹。

采用自适应遗传算法和经典遗传算法分别进行路径中间点的选择优化,优化结果如图 8-11 和图 8-12 所示。

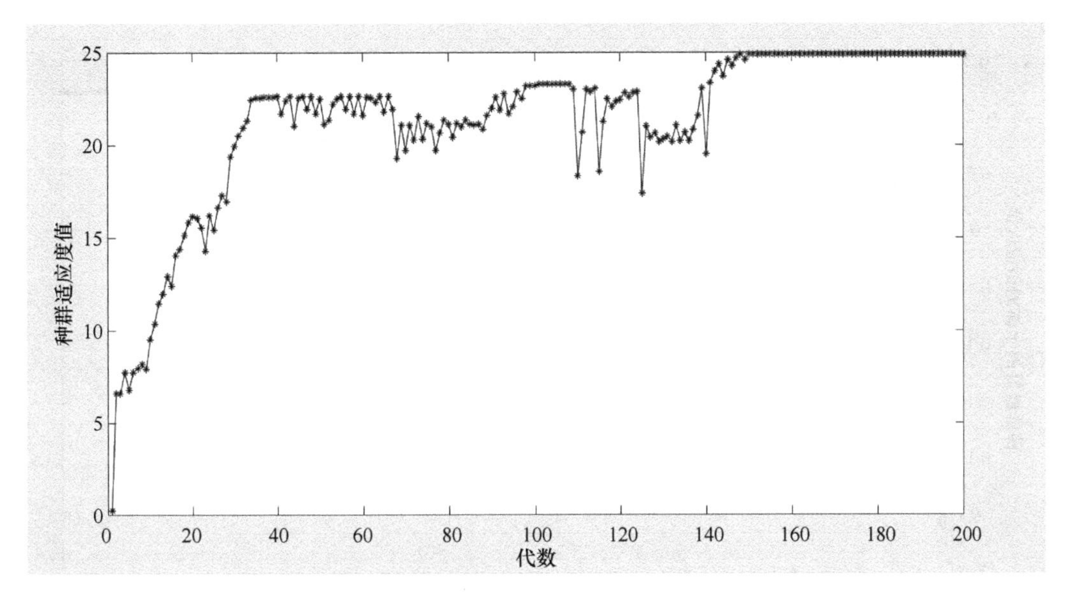

图 8-11　自适应遗传算法-种群适应度

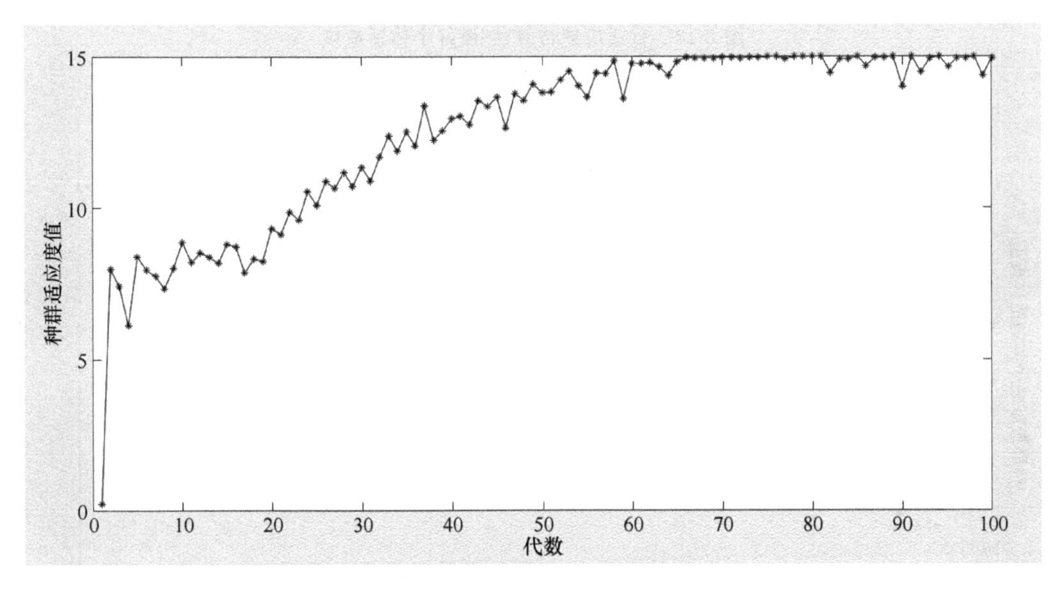

图 8-12　经典遗传算法-种群适应度

从图 8-11 和图 8-12 中种群适应度的变化趋势可以看出，自适应遗传算法的收敛性明显好过经典遗传算法，并且自适应遗传算法的鲁棒性非常好，在遗传的过程中可以保持种群中个体基因的多样性。通过自适应遗传算法优化得到的种群适应度的最大值为 25，通过经典遗传算法优化得到的种群适应度最大值为 15。通过对比种群适应度的值的大小，可以看出经典遗传算法容易陷入种群局部最优解，而自适应遗传算法通过交叉概率和变异概率的改变，不仅保持了种群中基因的多样性，而且不容易陷入局部最优解中。为了找到种群中最好的个体，也就是找到一个中间点，通过中间点能够规划出一条关节角曲线，关节角速度平缓变化，关节角加速度连续变化，通过不同的遗传算法进行优化选择，优化分析结果如图 8-13 和图 8-14 所示。

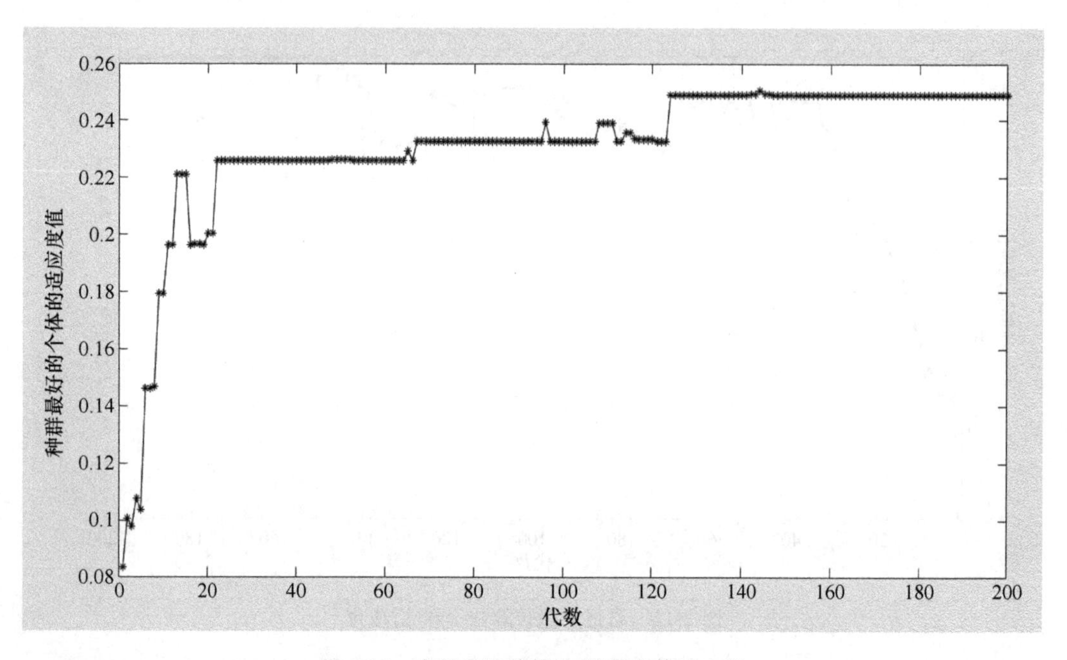

图 8-13　自适应遗传算法-最好个体适应度

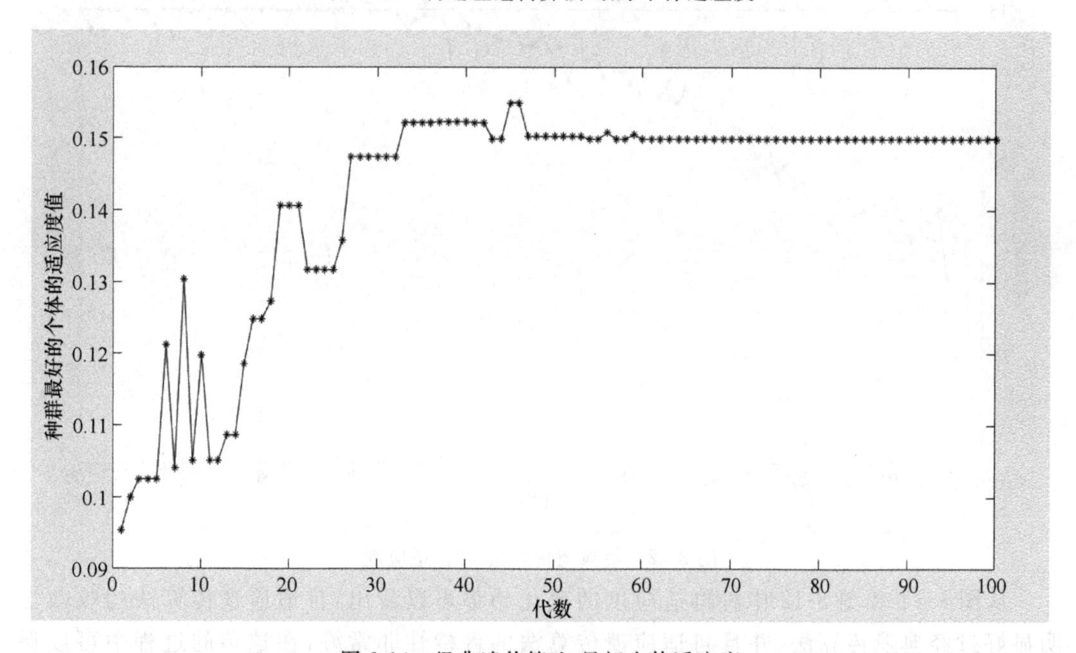

图 8-14　经典遗传算法-最好个体适应度

通过图 8-13 中自适应遗传算法得到的最好个体的适应度为 0.252，而通过图 8-14 中的经典遗传算法优化选择的最好个体的适应度为 0.156。因此通过两种遗传算法优化结果的对比可以看出，自适应遗传算法得到的最好个体明显好于经典遗传算法。所以通过自适应遗传算法进行优化选择时不会困于空间中的局部最优解，而是能够在全局空间中去寻找最优解。

由于用自适应遗传算法进行优化选择的运动路径是通过 5 次多项式进行规划的，因此同样以门形障碍物为例通过 5 次多项式规划得到的机械臂各关节角，其变化如图 8-15 所示，关节角速度和关节角加速度的变化趋势如图 8-16 和图 8-17 所示。

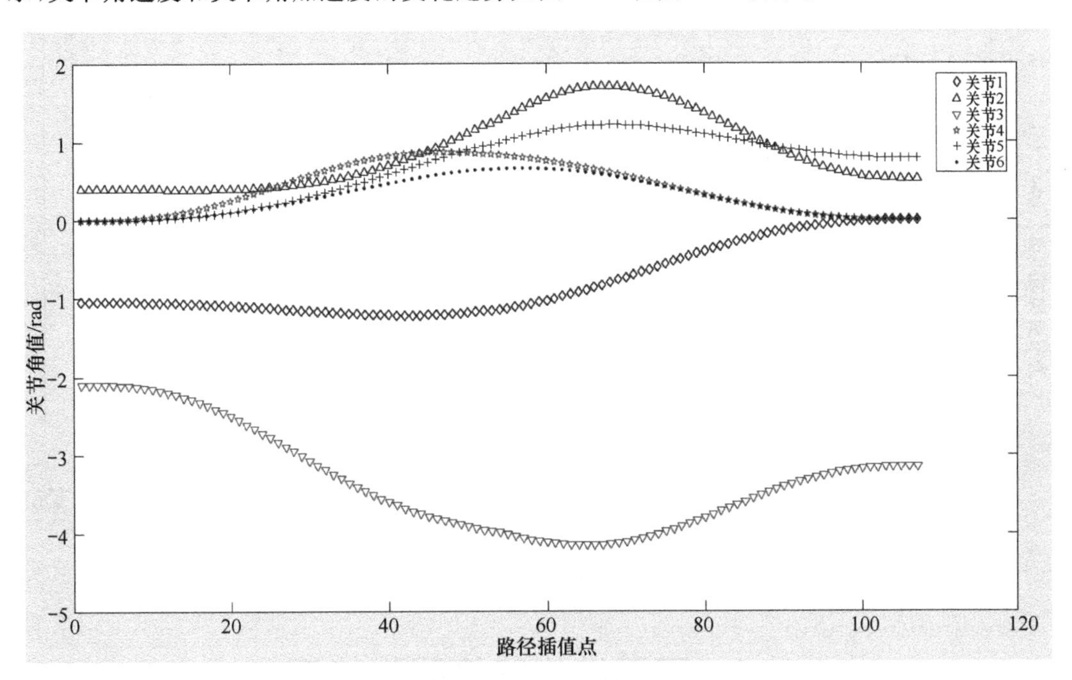

图 8-15　各关节角变化

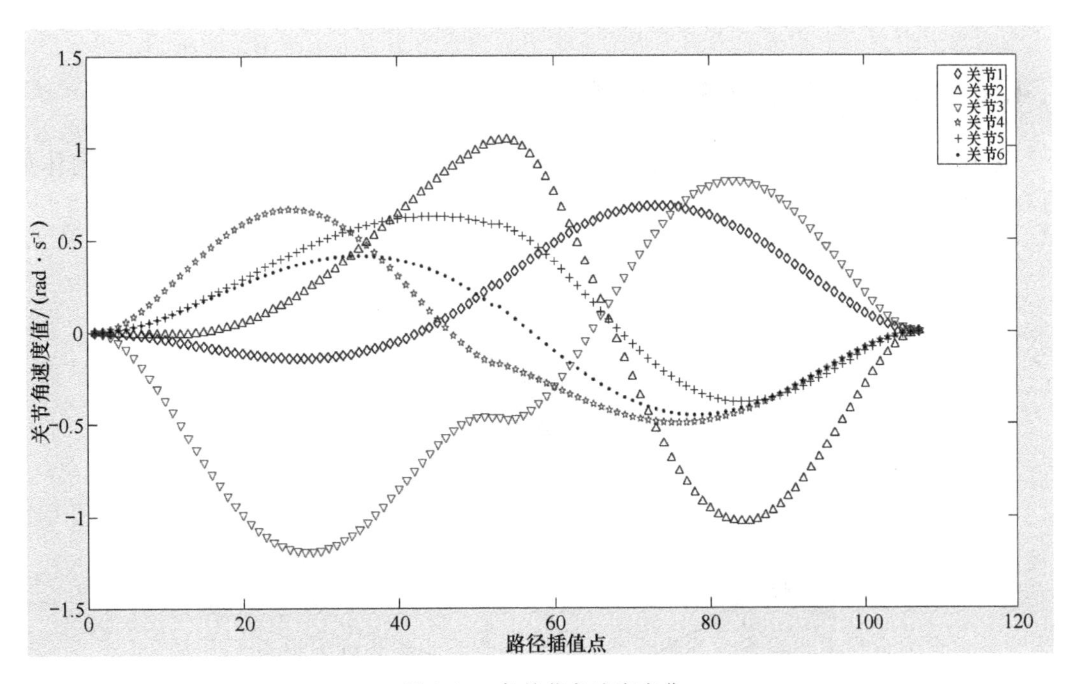

图 8-16　各关节角速度变化

通过以上数据可以看出，通过 5 次多项式对关节角进行规划，得到的关节角变化非常平稳，关节角速度和关节角加速度也是连续的。因此通过 5 次多项式来规划机械臂的关节角是非常好的。

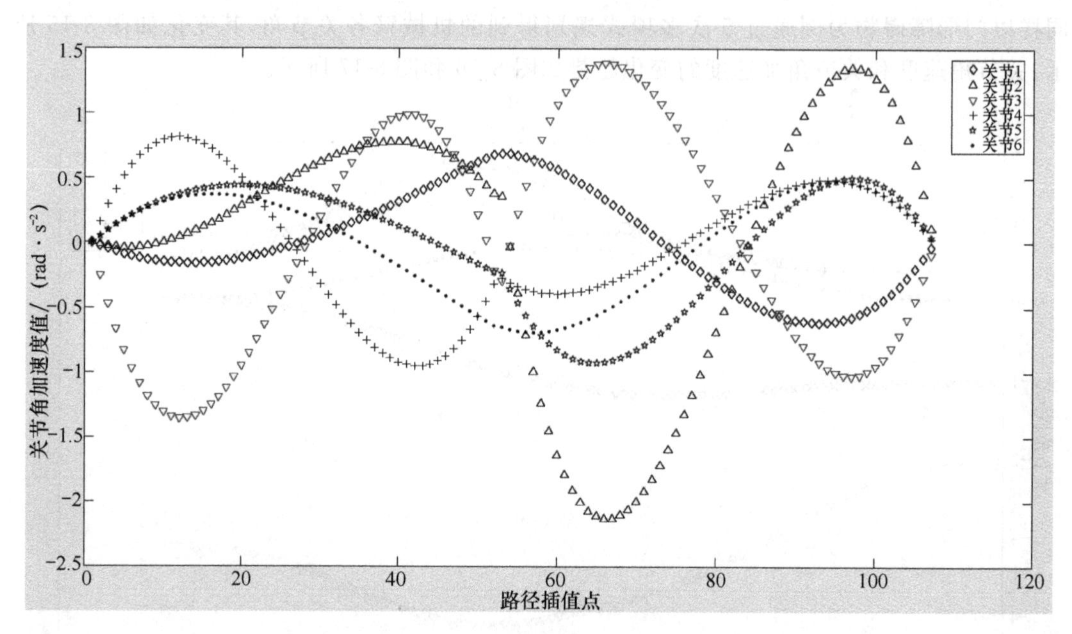

图 8-17　各关节角加速度变化

8.4　不同结构的障碍物仿真

8.4.1　球形障碍物的避障仿真

障碍物如果形状复杂可以简化成一个等效的球体。本书采用的简化后的几何体如图 8-18 所示，连杆模型如图 8-19 所示。

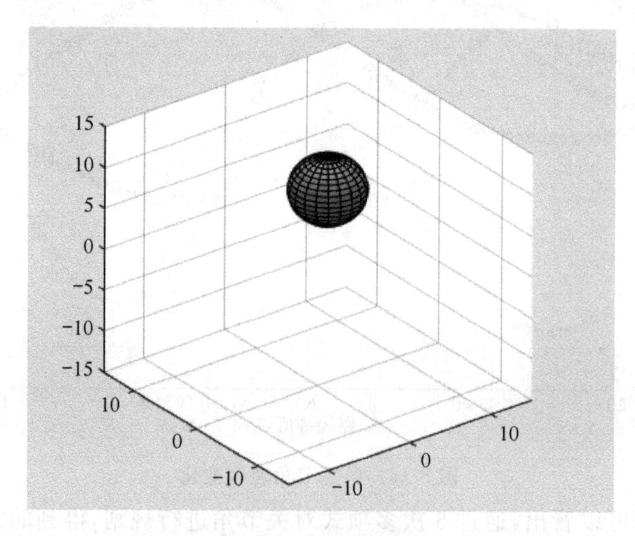

图 8-18　球形障碍物

当障碍物为球体时，机械臂的避障运动轨迹仿真如图 8-20 所示。

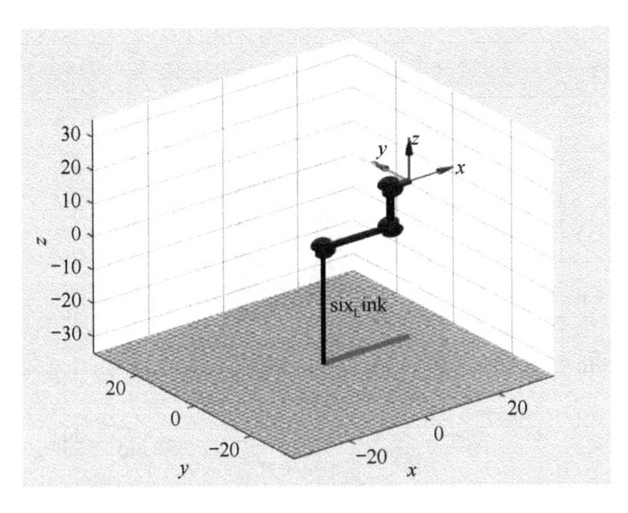

图 8-19　连杆模型

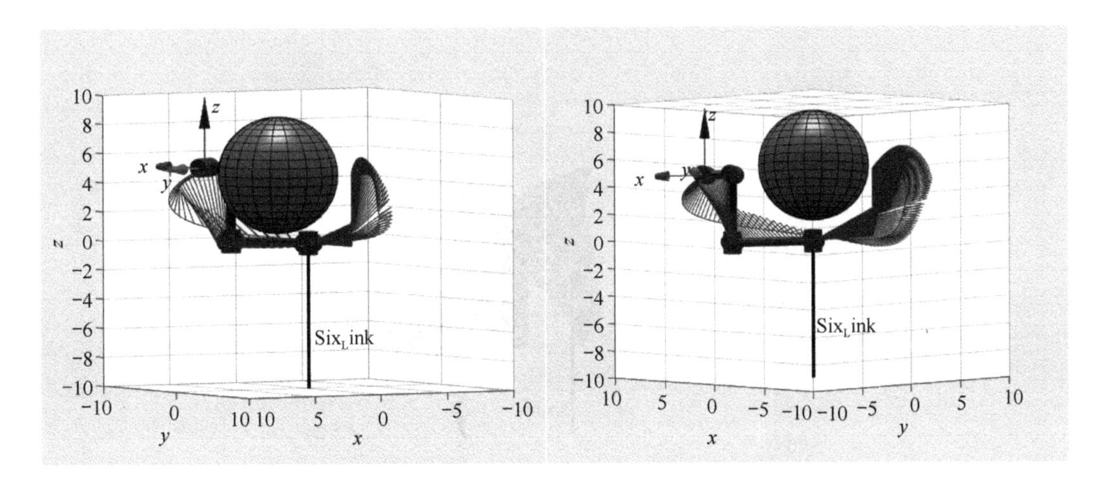

图 8-20　机械臂的避障运动轨迹

8.4.2　门形障碍物的避障仿真

在工业机械臂运动的时候，往往需要机械臂的末端执行器深入障碍物内部或者需要避过特定形状的障碍物。本次仿真用门形几何体作为机械臂工作空间中的障碍物，具体程序见附录 12。障碍物的模型如图 8-21 所示。规划结果如图 8-22 所示。

由以上结果可以看出机械臂可以很好地从起始点出发避过障碍物到达目标点。

通过自适应遗传算法对工业机械臂进行避障路径的优化，可以快速地找到机械臂在运动的过程中距离和关节角增量和都相对较小的最优路径。同时通过 5 次多项式对关节角进行约束规划，从而使得工业机械臂在工作的过程中不仅能够不和障碍物碰撞，同时运动的时候各关节的关节角、关节角速度、关节角加速度都可以连续平滑地过渡，从而保证了机械臂的运动稳定性。此外加速度平滑地过渡可以保证机械臂的受力较小，防止了因运动过程中受力过大造成的损坏。

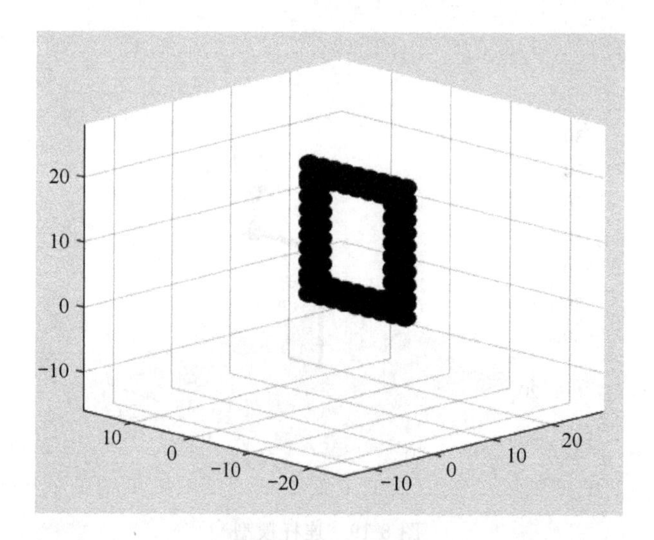

图 8-21　门形障碍物

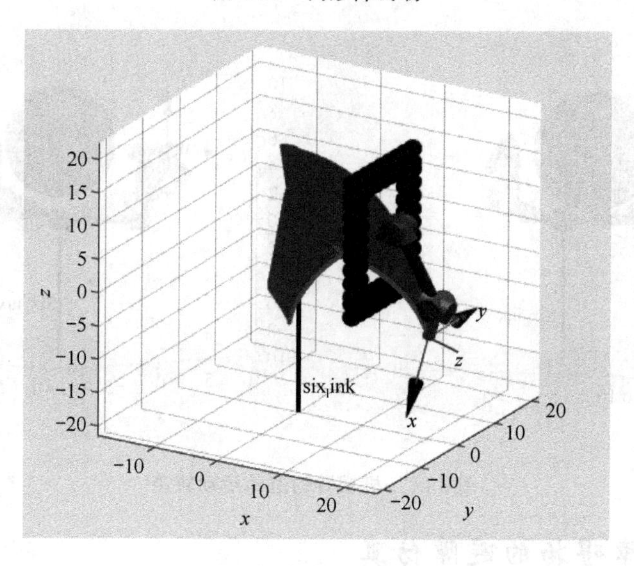

图 8-22　机械臂避障运动轨迹

参 考 文 献

［1］ 左国栋，赵智勇，王冬青. SCARA 机器人运动学分析及 MATLAB 建模仿真［J］. 工业控制计算机，2017，30（2）：100-102.

［2］ 李薇，吴艺琛. 浅析我国工业机器人产业现状及发展战略［J］. 内燃机与配件，2018（3）：260-261.

［3］ 安凯. 空间机械臂运动过程中的碰撞检测方法［J］. 计算机测量与控制，2014，22（11）：3528-3531.

［4］ 李双双. 工业机器人建模、运动仿真与轨迹优化［D］. 呼和浩特：内蒙古大学，2012：11-77.

［5］ 付荣. 基于智能优化方法的机械臂轨迹规划研究［D］. 北京：北京工业大学，2011：34-54.

［6］ Fu Bing，Chen Lin，Zhou Yuntao，et al. An improved A * algorithm for the industrial robot path planning with high success rate and short length［J］. Robotics and Autonomous Systems，2018（106）：26-37.

［7］ Mac T T，Copot C，Tran D T，et al. A hierarchical global path planning approach for mobile robots based on multi-objective particle swarm optimization［J］. Applied Soft Computing，2017（59）：68-76.

［8］ 周小燕，高峰，鲍官军，等. 基于 IAGA 的机械手时间最优轨迹规划［J］. 机电工程，2009，26（8）：1-3，40.

［9］ 刘曦恺. 浅谈救援机器人的研究现状与发展趋势［J］. 科技与企业，2015（20）：194-194.

［10］ 陈金凤，周峰，陈利明. 八达重工成功研制全球最大的救援工程机器人［J］. 工程机械与维修，2014（z1）：88-93.

［11］ 寇彦芸，万熠，赵修林，等. 地震救援双臂机器人结构设计与运动学分析［J］. 机械设计与制造，2016（10）：142-146.

［12］ Wang Chuanwei，Ma Hongwei. Lightweight design for coal mine rescue robot's swing arm brackets［J］. Applied Mechanics and Materials，2014，2948（496）：657-661.

［13］ Orság F，Drahansky M. Construction of a rescue robot：robotic arm module［J］. Applied Mechanics and Materials，2014，3377（613）：139-143.

［14］ 李浩. 双臂救援机器人的动力学建模与分析［D］. 天津：天津理工大学，2016：30-35.

［15］ 陈勇明. 五自由度工业机器人运动学分析与仿真［D］. 淮南：安徽理工大学，2017：1-12.

[16] 赵燕江,张永德,姜金刚,等.基于 Matlab 的机器人工作空间求解方法[J].机械科学与技术,2009,28(12):1657-1661,1666.

[17] 李鹏飞,李抗,张蕾,等.基于 MATLAB 的双机器人系统建模与仿真[J].机床与液压,2016,44(21):5-10.

[18] 黎阳,高雪官.SCARA 机器人设计、仿真及优化[J].机电一体化,2017,23(3):3-8.

[19] 李红军,姜庆昌.SCARA 型机器人运动学分析与仿真[J].现代制造技术与装备,2015(1):51-53.

[20] 王健强,程汀.SCARA 机器人结构设计及轨迹规划算法[J].合肥工业大学学报(自然科学版),2008(7):1026-1028,1041.

[21] 左富勇,胡小平,谢珂,等.基于 MATLAB Robotics 工具箱的 SCARA 机器人轨迹规划与仿真[J].湖南科技大学学报(自然科学版),2012,27(2):41-44.

[22] 刘鹏,宋涛,贠超,等.焊接机器人运动学分析及轨迹规划研究[J].机电工程,2013(4):390-394.

[23] 叶辰雷,刘晓平.码垛机器人的轨迹规划与仿真分析[J].机械研究与应用,2013(5):26-30.

[24] Liang Linjian, Gao Xueguan . Palletizing robot dynamic analysis and simulation [J]. Applied Mechanics and Materials, 2014(598):623-626.

[25] 李天友,孟正大,赵娇娇,等.基于焊接机器人的关节空间轨迹规划方法[J].电焊机,2009(4):47-50.

[26] 凌家良,施荣华,王国才.工业机器人关节空间的插值轨迹规划[J].惠州学院学报(自然科学版),2009,29(3):52-57.

[27] 周乐天.工业机器人轨迹规划及插补算法的研究[D].镇江:江苏科技大学,2017:47-79.

[28] Connolly C,张利梅.ABB RobotStudio 的技术与应用[J].机器人技术与应用,2011(1):29-32.

[29] Holubek R, Sobrino D R D, Kostal P, et al. Offline programming of an ABB robot using imported CAD models in the RobotStudio Software Environment[J]. Applied Mechanics and Materials, 2014(693):62-67.

[30] 郝建豹,许焕彬,林炯南.基于 RobotStudio 的机器人码垛工作站虚拟仿真设计[J].自动化与信息工程,2017(2):26-29.

[31] 滕根保.面向狭窄通道的机械臂避障规划与示教技术研究及应用[D].杭州:浙江大学,2017:14-51.

[32] 张秀林.基于遗传算法的机械臂时间最优轨迹规划[D].兰州:兰州理工大学,2014:50-86.

[33] 刘宁.关节型工业机械臂的最优轨迹规划方法与仿真验证[D].天津:河北工业大学,2014:52-59.

附录 1

运动学正确计算：

```
clear
syms theta1 theta2 theta3 theta4 theta5
syms a1 a2 a3 t10 t21 t32 t43 t54
a2 = 1.2;
a3 = 1;
theta1 = 10 * pi/180;
theta2 = 40 * pi/180;
theta3 = 40 * pi/180;
theta4 = 10 * pi/180;
theta5 = 30 * pi/180;
t10 = [cos(theta1) - sin(theta1) 0 0;sin(theta1) cos(theta1) 0 0;0 0 1 0;0 0 0 1];
t21 = [cos(theta2) - sin(theta2) 0 0;0 0 1 0; - sin(theta2) - cos(theta2) 0 0;0 0 0 1];
t32 = [cos(theta3) - sin(theta3) 0 a2;sin(theta3) cos(theta3) 0 0; 0 0 1 0;0 0 0 1];
t43 = [cos(theta4) - sin(theta4) 0 a3;sin(theta4) cos(theta4) 0 0;0 0 1 0;0 0 0 1];
t54 = [cos(theta5) - sin(theta5) 0 0;0 0 - 1 0;sin(theta5) cos(theta5) 0 0;0 0 0 1];
T50 = t10 * t21 * t32 * t43 * t54;
```

附录 2

关节空间轨迹规划：

```
clear
L(1) = Link([0 0 0 - pi/2 0]);
L(2) = Link([0 0 1.2 0 0]);
L(3) = Link([0 0 1 0 0]);
L(4) = Link([0 0 0 pi/2 0]);
L(5) = Link([0 0 0 0 0]);
h = SerialLink(L, 'name','fivelink');
h
t = 0:0.01:2 %采样时间为 2 s,采样间隔为 0.01 s
qz = [0 0 0 0 0]; %初始位姿
qn = [0 0 0 0 0]; %末端位姿
[q, qd, qdd] = jtraj(qz,qn,t); %轨迹规划
plot (h, q) %图形演示
T = fkine(h,q); %生成三维矩阵
%取机械臂末端执行器位置所标矩阵
m = squeeze(T(:,4,:) ); %末端执行器坐标的变化曲线
plot(t, squeeze(T(:,4,:))); %绘制机械臂末端执行器空间轨迹
u = T(1,4,:);v = T(2,4,:);w = T(3,4,:);
x = squeeze(u);y = squeeze(v);z = squeeze(w);
plot3(x,y,z);
%生成关节 i(i = 1, 2, 3, 4,5)的角位移曲线
plot(t,q(:, i));
%生成关节 i(i = 1,2,3, 4, 5)的角速度曲线
plot(t,qd(:, i));
%生成关节 i(i = 1,2,3,4,5)的角加速度曲线
plot(t,qdd(:,i))
```

附录 3

笛卡儿空间轨迹规划：

```
L(1) = Link([0 0 0 - pi/2 0]);
L(2) = Link([0 0 1.2 0 0]);
L(3) = Link([0 0 1 0 0]);
L(4) = Link([0 0 0 pi/2 0]);
L(5) = Link([0 0 0 0 0]);
h = SerialLink(L, 'name', 'fivelink');
h
M = [1 1 1 1 1 0]
T = fkine(h,qz)
 %T(1,4:) %T(2,4:) %T(3,4:)
T10 = transl(4, - 0.5,0) * troty(pi/6)
T11 = transl(4, - 0.5, - 2) * troty(pi/6)
Ts = ctraj(T10, T11, length(t))
plot(t, transl(Ts))
plot(t, tr2rpy(Ts))
u = Ts(1, 4,:); v = Ts(2,4,:);w = Ts(3,4,:);
x = squeeze(u); y = squeeze(v); z = squeeze(w);
subplot(3,1,1);
plot(t,x) xlabel('Time'); ylabel ('x')
subplot(3,1,2);
plot(t,y) xlabel('Time'); ylabel ('y')
subplot(3, 1,3);
plot(t,z) xlabel('Time');ylabel ('z')
```

附录 4

运动学逆解计算：

```
clear; clc
syms theta1 theta2 theta3 theta4 theta5 theta31 theta32 theta21 theta22 nx ny nz ox oy oz ax ay az px py pz a2 a3 k p theta41 theta42 theta43 theta44
T=[1,0,0,-0.1;0,1,0,0.4;0,0,1,-0.3;0,0,0,1]
a2=0.6  a3=0.5
nx=T(1,1);ny=T(2,1);nz=T(3,1);ox=T(1,2);oy=T(2,2);oz=T(3,2);ax=T(1,3);ay=T(2,3);az=T(3,3);px=T(1,4);py=T(2,4),pz=T(3,4);
thetal=atan2(py,px); theta5=atan2(oz,-nz)
k=(a3^2-(cos(theta1)*px+sin(theta1)*py)^2-a2^2-pz^2)(2*a2)
p=sqrt(cos(theta1)*px+sin(theta1)*py^2+pz^2)
theta21=atan2(k,sqrt(p^2-k^2))+atan2(cos(theta1)*px+sin(theta1)*py,pz)
theta22=atan2(k,-sqrt(p^2-k^2))+atan2(cos(theta1)*px+sin(theta1)*py,pz)
theta31=atan2(-cos(theta1)*sin(theta21)*px-sin(theta1)*sin(theta21)*py-
        cos(theta21)*pz,cos(theta1)*cos(theta21)*px+sin(theta1)*
        cos(theta21)*py-sin(theta21)*pz-a2)
theta32=atan2(-cos(theta1)*sin(theta22)*px-sin(theta1)*sin(theta22)*py-
        cos(theta22)*pz,cos(theta1)*cos(theta22)*px+sin(theta1)*
        cos(theta22)*py-sin(theta22)*pz-a2)
theta41=atan2(cos(theta1)*cos(theta21+theta31)*ax+sin(theta1)*
        cos(theta21+theta31)*ay-sin(theta21+theta31)*az,cos(theta1)
        *sin(theta21+theta31)*ax+sin(teat1)*sin(theta21+theta31)*
        ay+cos(theta21+theta31)*az)
theta42=atan2(cos(theta1)*cos(theta21+theta32)*ax +sin(theta1)*
        cos(theta21+theta32)*ay-sin(theta21+theta32)*az,cos(theta1)*
        sin(theta21+theta32)*ax+sin(theta1)*sin(theta21+theta32)*ay+
        cos(theta21+theta32)*az)
theta43=atan2(cos(theta1)*cos(theta22+theta31)*ax+sin(theta1)*
        cos(theta22+theta31)*ay-sin(theta22+theta31)*az,cos(thetal)*
```

sin(theta22 + theta31) * ax + sin(theta1) * sin(theta22 + theta31) * ay + cos(theta22 + theta31) * az)

theta44 = atan2(cos(theta1) * cos(theta22 + theta32) * ax + sin(theta1) * cos(theta22 + theta32) * ay - sin(theta22 + theta32) * az, cos(theta1) * sin(theta22 + theta32) * ax + sin(theta1) * sin(theta22 + theta32) * ay + cos(theta22 + theta32) * az)

附录5

粒子群优化算法：

```
%主函数源程序
m = 20;
D = 3;
pgf(1) = 100;
Wmax = 0.9;
Wmin = 0.4;
cl = 2;c2 = 2;
Nmax = 50;
for i = 1:m
for j = 1:D
    x(i,j) = rand * (4.0 - 0.1) + 0.1;
    v(i,j) = - 2 + 4 * rand;
end
px(i,:) = x(i,:);
pf(i) = fitness(x(i,1),x(i,2),x(i,3),D)
if pgf(1)>pf(i)
   pgx = x(i,:);
   pgf(1) = pf(i)
end
end
for i = 1:m
    a(:,i) = Aa(x(i,1),x(i,2),x(i,3));
    jv(1,i) = 3 * a(1,i) * x(i,1)^2 + 2 * a(2,i) * x(i,1) + a(3,i);
    jv(2,i) = 5 * a(5,i) * x(i,2)^4 + 4 * a(6,i) * x(i,2)^3 + 3 * a(7,i) * x(i,2)^
2 + 2 * a(8,i) * x(i,2) + a(9,i);
    jv(3,i) = 3 * a(11,i) * x(i,3)^2 + 2 * a(12,i) * x(i,3) + a(13,i);
if jv(1,i)<= ( - 20 * pi/180) | jv(1,i)>= (20 * pi/180) | jv(2,i)<= ( - 20 * pi/
180) | jv(2,i)>= (20 * pi/180) | jv(3,i)<= ( - 20 * pi/180) | jv(3,i)>= (20 * pi/180)
```

```
f = 100
else
f = fitness(x(i,1),x(i,2),x(i,3),D)
end
if pf(i)>f
   px(i,:) = x(i,:);
   pf(i) = f
end
if pgf>pf(i)
   pgf = pf(i)
   pgx = x(i,:);
end
end
for k = 2:50
    pgf(k) = pgf(k - 1);
    w = (Wmax - k * (Wmax - Wmin)/Nmax);
for i = 1:m
for j = 1:D
    v(i,j) = w * v(i,j) + c1 * rand * (px(i,j) - x(i,j) + c2 * rand * (pgx(j) - x(ij));
if v(i,j)< - 2
   v(i,j) = - 2;
end
if v(i,j)>2
   v(i,j) = 2;
end
x(i,j) = x(i,j) + v(i,j)
if x(i,j)<0.1
   x(i,j) = 0.1;
end
if x(i,j)>4
   x(i,j) = 4;
end
end
a(:,i) = Aa(x(i,1),x(i,2),x(i.3));
jv(1,i) = 3 * a(1,i) * x(i,1)^2 + 2 * a(2.i) * x(i,1) + a(3,i);
jv(2,i) = 5 * a(5,i) * x(i,2)^4 + 4 * a(6,i) * x(i,2)^3 + 3 * a(7,i) * x(i,2)^2 + 2 *
a(8,i) * x(i,2) + a(9,i);
```

```
    jv(3,i) = 3 * a(11,i) * x(i,3)^2 + 2 * a(12,i) * x(i,3) + a(13,i);
    if jv(1,i)<= ( - 20 * pi/180) | jv(1,i)>= (20 * pi/180) | jv(2,i)<= ( - 20 * pi/
180) | jv(2,i)>= (20 * pi/180) | jv(3,i)<= ( - 20 * pi/180) | jv(3,i)>= (20 * pi/180)
    f = 100
    else
    f = fitness(x(i,1),x(i,2),x(i,3),D)
    end
    if pf>f
       px(i,:) = (i,:);
       pf(i) = f
    end
    if pgf(k)>pf(i)
       pgf(k) = pf(i)
       pgx = x(i,:);
    end
    end
    end
    %适应度函数源程序(fitness.m)
    function result = fitness(t1,t2,t3,D)
       sum = t1 + t2 + t3;
       result = sum;
    end
    %多次多项式系数a求解程序(Aa.m)
    function H = Aa(t1,t2,t3,D)
    x3 = 102.1321 * pi/180;x2 = 110.4723 * pi/180;xl = 113.0098 * pi/180;
    x0 = 0;
    format long
    t1 = 1.3919
    t2 = 2.4757
    t3 = 1.2205
    A = [t1^3,t1^2,t1,1,0,0,0,0,0, - 1,0,0,0,0;
          3 * t1^2,2 * t1,1,0,0,0,0,0,0, - 1,0,0,0,0,0;
          6 * t1,2,0,0,0,0,0,0, - 2,0,0,0,0,0,0;
          0,0,0,0,t2^5,t2^4,t2^3,t2^2,t2,1,0,0,0, - 1;
          0,0,0,0,5 * t2^4,4 * t2^3,3 * t2^2,2 * t2,1,0,0,0, - 1,0;
          0,0,0,0,20 * t2^3,12 * t2^2,6 * t2,2,0,0,0, - 2,0,0;
          0,0,0,0,0,0,0,0,0,0,t3^3,t3^2,t3,1;
```

```
    0,0,0,0,0,0,0,0,0,0,0,3 * t3^2,2 * t3,1,0;
    0,0,0,0,0,0,0,0,0,0,0,6 * t3,2,0,0;
    0,0,0,1,0,0,0,0,0,0,0,0,0,0;
    0,0,1,0,0,0,0,0,0,0,0,0,0,0;
    0,1,0,0,0,0,0,0,0,0,0,0,0,0;
    0,0,0,0,0,0,0,0,0,0,0,0,0,1;
    0,0,0,0,0,0,0,0,0,1,0,0,0,0];
b = [0,0,0,0,0,0,x3,0,0,x0,0,0,x2,x1]';
B = inv(A);
H = B * b;
end
```

附录 6

```
%关节空间轨迹规划
clear
clc
L(1) = Link([0 0 0 - pi/2 0]);
L(2) = Link([0 0 0.6 0 0]);
L(3) = Link([0 0 0.6 0 0]);
L(4) = Link([0 0 0 - pi/2 0]);
L(5) = Link([0 0 0 0 0]);
h = SerialLink(L,'name','IRB460');
h
h.n
links = h.links
qz = [0  - pi * 5/6  - pi/3 pi/6 pi];
qr = [0  - pi * 2/3  - pi/3 0 pi];
t1 = [0:0.05:1]
[q1,qld,q1dd] = jtraj (qz,qr,t1)
plot(h,q1) %图形演示
qr = [0 - pi * 2/3 - pi/3 0 pi];
qs = [pi/3  - pi * 2/3  - pi/3 0 pi * 2/3];
t2 = [0:0.05:1]
[q2,q2d,q2dd] = jtraj (qr,qs,t2)
plot(h,q2) %图形演示
qs = [pi/3  - pi * 2/3  - pi/3 0 pi * 2/3];
qn = [pi/3  - pi * 5/6  - pi/3 pi/6 pi * 2/3];
t3 = [0:0.05:1]
[q3,q3d,q3dd] = jtraj (qs,qn,t3)
plot(h,q3) %图形演示
plot(t1,q1); %生成关节 i(i = 1,2,3,4,5)的角位移曲线
hold on
plot(1 + t1,q2);
hold on
```

```
plot(1 + 1 + t1,q3);
xlabel('时间(s)');
ylabel('角位移(rad)');
legend('关节 1','关节 2','关节 3','关节 4','关节 5')
figure(2)
plot(t1,q1d); % 生成关节 i(i = 1,2,3, 4,5)的角速度曲线
hold on
plot(1 + t2,q2d);
hold on
plot(1 + 1 + t3,q3d);
xlabel('时间(s)');
ylabel('角速度(rad/s)');
legend('关节 1','关节 2','关节 3','关节 4','关节 5')
figure(3)
plot(t1,q1dd)
hold on
plot(1 + t2,q2dd)
hold on
plot(1 + 1 + t3,q3dd); % 生成关节 i(i = 1,2, 3, 4,5)的角加速度曲线
xlabel('时间(s)');
ylabel('角加速度(rad/s^2)'); % 生成关节 i(i = 1,2, 3, 4,5)的角加速度曲线
legend('关节 1','关节 2','关节 3','关节 4','关节 5')
```

附录 7

```
%笛卡儿空间轨迹规划:
clear
clc
L(1) = Link([0 0 0 - pi/2 0]);
L(2) = Link([0 0 0.6 0 0]);
L(3) = Link([0 0 0.6 0 0]);
L(4) = Link([0 0 0 - pi/2 0]);
L(5) = Link([0 0 0 0 0]);
h = SerialLink(L,'name', 'IRB460');
h
h.n
links = h.links
qz = [0  - pi * 5/6  - pi/3 pi/6 pi];
qn = [pi/3 - pi * 5/6 - pi/3 pi/6 pi * 2/3];
t = [0:0.05:3];
[q,qd,qdd] = jtraj(qz,qn,t);
M = [1 1 1 1 1 0];
T10 = transl( - 1.0392,0,0) * troty(pi);
T11 = transl( - 0.5196, - 0.9,0) * troty(pi * 2/3);
Ts = ctraj(T10,T11,length(t));
figure(1)
plot(t,transl(Ts)); %机器人末端执行器平移变化图
xlabel('时间(s)');
ylabel('平移 (rad)');
legend('x 轴','y 轴','z 轴')
figure(2)
plot(t,tr2rpy(Ts)); %机器人末端执行器旋转变化图
xlabel('时间(s)');
ylabel('旋转 (rad)');
legend('x 轴','y 轴','z 轴')
```

```
u = Ts(1,4,:);v = Ts(2,4,:);w = Ts(3,4,:);
x = squeeze(u);y = squeeze(v);z = squeeze(w);
figure(3)
subplot(3,1,1); % 机器人末端执行器 x 坐标空间轨迹图
plot(t,x);
xlabel('时间 (s)');
ylabel('x 轴(rad)');
subplot(3,1,2); % 机器人末端执行器 y 坐标空间轨迹图
plot(t,y);
xlabel('时间 (s)');
ylabel('y 轴(rad)');
subplot(3,1,3), % 机器人末端执行器 z 坐标空间轨迹图
plot(t,z);
xlabel('时间 (s)');
ylabel('z 轴(rad)');
```

附录 8

```
%粒子群优化算法
%主函数源程序
%增加 pgf(h),c1,c2, w 设置, 速度 80
clc
clear
F = 2;
NUM = 0;
NUM1 = 0;
NUMFULL = 0;
NUMFULL1 = 0;
%设置 PSO 参数
m = 20;
D = 3;
pgf = 100; %给定的极大的适应度值
Wmax = 0.9;
Wmin = 0.3;
c1f = 0.05;
c2f = 0.05;
c1i = 0.02;
c2i = 0.02;
Nmax = 100; %最大迭代次数
%初始化各个粒子的位置和速度
pgf(1) = 10
pnf(1) = 10
h = 1;
pnx = zeros(100,3)
for i = 1:m
    for j = 1:D
        x(i,j) = rand * (4.0 - 0.1) + 0.1;
        v(i,j) =- 2 + 4 * rand;
    end
```

```
px(i,:) = x(i,:) %每个粒子的最优位置
        pf(i) = fitness(x(i,1),x(i,2),x(i,3),D) %每个粒子的最优位置的适应度
    if pgf(h)>pf(i)
        a(:,i) = Aa(x(i,1),x(i,2),x(i,3))
            F = 1
            for t = 0:0.01:x(i,1)
             if (abs(3 * a(1,i) * t^2 + 2 * a(2,i) * t + a(3,i)))>(80 * pi/180)
                F = 0
                f = 10
                NUM = NUM + 1
             end
            end
            for t = 0:0.01:x(i,2)
                if (abs(5 * a(5,i) * t^4 + 4 * a(6,i) * t^3 + 3 * a(7,i) * t^2 +
                  2 * a(8,i) * t + a(9,i)))>(80 * pi/180)
                        F = 0
                        f = 10
                        NUM = NUM + 1
                end
            end
            for t = 0:0.01:x(i,3)
                if (abs(3 * a(11,1) * t^2 + 2 * a(12,i) * t + a(13,i)))>(80 * pi/180)
                        F = 0
                        f = 10
                        NUM = NUM + 1
                end
            end
            if F == 1
                h = h + 1
                pgx = x(i,:)         %所有粒子的最优位置
                pgf(h) = pf(i)       %所有粒子的最优位置的适应度
                pnf(1) = pgf(h)
                HI = 1
NUMFULL = NUMFULL + 1
             end
       end
end
for k = 2:Nmax
    c1 = (c1f - c1i) * k/Nmax + c1i;
```

```
    c2 = (c2f - c2i) * k/Nmax + c2i;
    w = (Wmax - (Wmax - Wmin)/ exp((4 * k/Nmax)^2)); % w = (Wmax - k * (Wmax -
       Wmin)/Nmax);
     for i = 1:m % 粒子数
         for j = 1:D
             v(i ,j) = w * v(i,j) + c1 * rand * (px(i,j) - x(i,j)) + c2 * rand *
                       (pgx(j) - x(i,j)
             if v(i,j)< - 2
                 v(i,j) =- 2;
             end
             if v(i,j)>2
                 v(i,j) = 2;
             end
             x(i,j) = x(i,j) + v(i,j)
             if x(i,j)<0.1
                 x(i,j) = 0.1;
             end
             if x(i,j)>4
                 x(i,j) = 4;
             end
             if x(i,j)< - 4
                 x(i,j) = 4;
             end
         end
         f = fitness(x(i, 1),x(i,2),x(i,3),D)
         if pf(i)>f
             a(:,i) = Aa(x(i,1),x(i,2),x(i,3))
             F = 1
             for t = 0:0.01:x(i,1)
 if(abs(3 * a(1,i) * t^2 + 2 * a(2,i) * t + a(3,i)))> (80 * pi/180)
                           F = 0
                           f = 10
                           NUM1 = NUM1 + 1
                       end
                   end
               for t = 0:0.01:x(i,2)
                       if (abs(5 * a(5,i) * t^4 + 4 * a(6,i) * t^3 + 3 * a(7,i) *
                          t^2 + 2 * a(8,i) * t + a(9,i)))>(80 * pi/180)
                           F = 0
```

```
                    f = 10
                    NUM1 = NUM1 + 1
                end
            end
            for t = 0:0.01:x(i,3)
                if (abs(3 * a(11,i) * t^2 + 2 * a(12,i) * t + a(13,i)))>
                  (80 * pi/180)
                    F = 0
                    f = 10
                    NUM1 = NUM1 + 1
                end
             end
             if F = = 1
                px(i,:) = x(i,:)
                pf(i) = f
                LI = 5
             end
          end
        if pgf(h)>pf(i)
            h = h + 1
            pgf(h) = pf(i)
            pgx = x(i,:)
            HI = 5
            NUMFULL1 = NUMFULL1 + 1
            pnx(k,:) = pgx
end
        end
      pnf(k) = pgf(h);
end
%最后给出计算结果
disp('函数的全局最优位置')
xm = pgx'
disp('最后得到的适应度最小值')
f = pgf
plot(pnf,'.')
%适应度函数源程序(fitness.m)
function result = fitness(t1,t2,t3,D)
    sum = t1 + t2 + t3;
    result = sum;
```

```
end
%多次多项式系数a求解程序(Aa.m)
function H = Aa(t1,t2,t3,D)
x3 =- 1.0392;x2 =- 0.8196;x1 =- 0.4098;x0 =- 0.5196 %关节5
format long
t1 = t1
t2 = t2
t3 = t3
A = [t 1^3,t1^2,t1,1,0,0,0,0,0,-1,0,0,0,0;
      3 * t1^2,2 * t1,1,0,0,0,0,0, 0,-1,0,0,0,0,0;
      6 * t1,2,0,0,0,0,0,0,-2,0,0,0,0,0,0;
      0,0,0,0,t2^5,t2^4,t2^3,t2^2,t2,1,0,0,0,-1;
      0,0,0,0,5 * t2^4,4 * t2^3,3 * t2^2,2 * t2,1,0,0,0,-1,0;
      0,0,0,0,20 * t2^3,12 * t2^2,6 * t2,2,0,0,0,-2,0,0;
      0,0,0,0,0,0,0,0,0,0,t3^3,t3^2,t3,1;
      0,0,0,0,0,0,0,0,0,0,3  * t3^2,2 * t3,1,0;
      0,0,0,0,0,0,0,0,0,0,6 * t3,2,0,0;
      0,0,0,1,0,0,0,0,0,0,0,0,0,0;
      0,0,1,0,0,0,0,0,0,0,0,0,0,0;
      0,1,0,0,0,0,0,0,0,0,0,0,0,0;
      0,0,0,0,0,0,0,0,0,0,0,0,0,1;
      0,0,0,0,0,0,0,0,0,1,0,0,0,0];
b = [0,0,0,0,0,0,x3,0,0,x0,0,0,x2,x1]';
B = inv(A);
H = B * b;
end
```

附录 9

```
clear
clc
L(1) = Link([0 0 0.5 0 0]);
L(2) = Link([0 0 0.5 pi 0]);
L(3) = Link([0 0 0 0 0]);
L(4) = Link([0 -0.5 0 0 1]);
h = SerialLink(L, 'name', 'fivelink');
h
qz = [0 0 0 0.5]; % 初始位置
qn = [pi * 2/3 - pi/3 0 0.5]; % 末端位置
t = 0:0.01:2 % 采样时间为 2 s,采样间隔为 0.01 s
[q,qd,qdd] = jtraj(qz,qn,t); % 轨迹规划
T0 = h.fkine(qn);
dq = 1e - 6;
Tp = h.fkine(qn + [dq 0 0 0]);
dTdq1 = (Tp - T0)/dq
Tp = h.fkine(qn + [0 dq 0 0]);
dTdq2 = (Tp - T0)/dq
dRdq1 = dTdq1(1:3,1:3);
R = T0(1:3,1:3);
S = dRdq1 * R'
vex(S)
dRdq2 = dTdq2(1:3,1:3);
S = dRdq2 * inv(R)
vex(S)
J = h.jacob0(qn)
T = transl(1,0,0) * troty(pi/2);
J = tr2jac(T)
vB = J * [1 0 0 0 0 0]';
vB'
h.jacobn(qn)
```

```
py2jac(0.1,0.2,0.3)
jsingu(J)
qd = inv(J) * [0 0 0 0.1 0 0]';
qd'
det(J)
cond(J)
qd = inv(J) * [0 0 0 0.2 0 0]';
qd'
J = h.jacob0(qn);
J = J(1:3,:);
plot_ellipse(J * J')
h.maniplty(qn,'yoshikawa')
sl_rrmc
r = sim('sl_rrmc');
t = r.find('tout');
q = r.find('yout');
T = h.fkine(q);
xyz = transl(T);
mplot(t,xyz(:,1:3))
mplot(t,q(:,1:3))
```

附录 10

```
close all
clc;clear; % 2 4 6 180 deg
L1 = Link('d',0.3,'a',0,'alpha',pi/2,'offset',0);
L2 = Link('d',0,'a',0.3,'alpha',0,'offset',0);
L3 = Link('d',0,'a',0.4,'alpha',0,'offset',0);
L4 = Link('d',0,'a',0,'alpha',pi/2,'offset',0);
L5 = Link('d',0.4,'a',0,'alpha', - pi/2,'offset',0);
scale = 0.8;
robot1 = SerialLink([L1 L2 L3 L4 L5],'name','R1');
R1 = Link('d',0.3,'a',0,'alpha',pi/2,'offset',0);
R2 = Link('d',0,'a',0.3,'alpha',0,'offset',0);
R3 = Link('d',0,'a',0.4,'alpha',0,'offset',0);
R4 = Link('d',0,'a',0,'alpha',pi/2,'offset',0);
R5 = Link('d',0.4,'a',0,'alpha', - pi/2,'offset',0);
robot2 = SerialLink([R1 R2 R3 R4 R5],'name','R2');
robot2.base(1,4) = robot1.base(1,4);
robot2.base(2,4) = robot1.base(2,4) + 0.8;
robot2.base(3,4) = robot1.base(3,4);
q = [0 pi/2 - pi/2 pi/2 0];
robot1.plot(q,'scale',scale);hold on
robot.plot(q,'workspace',workspace); % 绘制机器人图形
robot2.plot(q,'scale',scale);
robot.plot(q,'workspace',workspace); % 绘制机器人图形
pause(1)
newQ1 = [0 pi/2 - pi/2 pi/2 0];
newQ2 = [0 pi/2  - pi/2 pi/2 0];
tr01 = robot1.fkine(newQ1);
pos01(1:3,1) = tr01(1:3,4);
pos01d(1:3,1) = pos01(1:3,1) + [0.2;0.2; - 0.2];
tr02 = robot2.fkine(newQ2);
pos02(1:3,1) = tr02(1:3,4);
```

```
pos02d(1:3,1) = pos02(1:3,1) + [0.2; - 0.2; - 0.2];
[pp1,dpp1,ddpp1] = jtraj (pos01(1 :3,1),pos01d(1:3,1),20);
[pp2,dpp2,ddpp2] = jtraj(pos02(1:3,1),pos02d(1:3,1),20);
n = length(pp1);
for i = 1:n
Q1 = robot1.ikine(transl(pp1(i,1),pp1(i,2),pp1(i,3)),newQ1, [1,1,1,0,0,0]);
newQ1 = [Q1(1),Q1(2),Q1(3),Q1(4),Q1(5)];
Q2 = robot2.ikine(transl(pp2(i,1),pp2(i,2),pp2(i,3)),newQ2,[1,1,1,0,0,0]);
newQ2 = [Q2(1),Q2(2),Q2(3),Q2(4),Q2(5)];
robot1.animate(newQ1);hold on
robot2.animate(newQ2);hold on
t1 = robot1.fkine(newQ1);
t2 = robot2.fkine(newQ2);
if (abs(t1(1,4) - t2(1,4))<0.01)&&(abs(t1(2,4) - t2(2,4))<0.01)&&(abs(t1
   (3,4) - t2(3,4))<0.01)
disp
end
drawnow();
end
tr01 = robot1.fkine(newQ1);
pos01(1:3,1) = tr01(1:3,4);
pos01d(1:3,1) = pos01(1:3,1) + [ - 0.2;0.2; - 0.2];
tr02 = robot2.fkine(newQ2);
pos02(1:3,1) = tr02(1:3,4);
pos02d(1:3,1) = pos02(1 :3,1) + [ - 0.2;0.2; - 0.2];
[pp1,dpp1,ddpp1] = jtraj(pos01(1:3,1),pos01d(1:3,1),20);
[pp2,dpp2,ddpp2] = jtraj(pos02(1:3,1),pos02d(1:3,1),20);
n = length(pp1);
for i = 1:n
Q1 = robot1.ikine(transl(pp1(i,1),pp1(i,2),pp1(i,3)), newQ1, [1,1,1,0,0,0]);
newQ1 = [Q1(1),Q1(2),Q1(3),Q1(4),Q1(5)];
Q2 = robot2.ikine(transl(pp2(i,1),pp2(i,2),pp2(i,3)), newQ2, [1,1,1,0,0,0]);
newQ2 = [Q2(1),Q2(2),Q2(3),Q2(4),Q2(5)];
robot1.animate(newQ1);hold on
robot2.animate(newQ2);hold on
t1 = robot1.fkine(newQ1);
t2 = robot2.fkine(newQ2);
if (abs(t1(1,4) - t2(1,4))<0.01)&&(abs(t1(2,4) - t2(2,4))<0.01)&&(abs(t1
   (3,4) - t2(3,4))<0.01)
```

```
disp
end
drawnow();
end
tr01 = robot1.fkine(newQ1);
pos01(1:3,1) = tr01(1:3,4);
pos01d(1:3,1) = pos01(1:3,1) + [ - 0.2;0.2; - 0.2];
tr02 = robot2.fkine(newQ2);
pos02(1:3,1) = tr02(1:3,4);
pos02d(1:3,1) = pos02(1:3,1) + [ - 0.2;0.2; - 0.2];
[pp1,dpp1,ddpp1] = jtraj(pos01(1:3,1),pos01d(1:3,1),20);
[pp2,dpp2,ddpp2] = jtraj(pos02(1:3,1),pos02d(1:3,1),20);
n = length(pp1);
for i = 1:n
Q1 = robot1.ikine(transl(pp1(i,1),pp1(i,2),pp1(i,3)),newQ1,[1,1,1,0,0,0]);
newQ1 = [Q1(1),Q1(2),Q1(3),Q1(4),Q1(5)];
Q2 = robot2.ikine(transl(pp2(i,1),pp2(i,2),pp2(i,3)),newQ2,[1,1,1,0,0,0]);
newQ2 = [Q2(1),Q2(2),Q2(3),Q2(4),Q2(5)];
robot1.animate(newQ1);hold on
robot2.animate(newQ2);hold on
t1 = robot1.fkine(newQ1);
t2 = robot2.fkine(newQ2);
if (abs(t1(1,4) - t2(1,4))<0.01)&&(abs(t1(2,4) - t2(2,4))<0.01)&&(abs(t1
   (3,4) - t2(3,4))<0.01)
disp
end
drawnow();
end
```

附录 11

```
[pp1,dpp1,ddpp1] = jtraj(pos01(1:3,1),pos01d(1:3,1),20);
[pp2,dpp2,ddpp2] = jtraj(pos02(1:3,1),pos02d(1:3,1),20);
n = length(pp1);
for i = 1:n
Q1 = robot1.ikine(transl(ppl(i,1),pp1(i,2),ppl(i,3)),newQ1,[1,1,1,0,0,0]);
newQl = [Q1(1),Q1(2),Q1(3),Ql(4),Q1(5)];
Q2 = robot2.ikine(transl(pp2(i,1),pp2(i,2),pp2(i,3)),newQ2,[1,1,1,0,0,0]);
newQ2 = [Q2(1),Q2(2),Q2(3),Q2(4),Q2(5)];
robot1.animate(newQ1);hold on
robot2.animate(newQ2);hold on
t1 = robot1.fkine(newQ1);
t2 = robot2.fkine(newQ2);
if (abs(t1(1,4) - t2(1,4))<0.01)&&(abs(t1(2,4) - t2(2,4))<0.01)&&(abs(t1
   (3,4) - t2(3,4))<0.01)
disp
end
drawnow();
end
tr01 = robotl.fkine(newQ1);
pos01(1:3,1) = tr01(1:3,4);
pos01d(1:3,1) = pos01(1:3,1) + [ - 0.2;0.2; - 0.2];
tr02 = robot2.fkine(newQ2);
pos02(1:3,1) = tr02(1:3,4);
pos02d(1:3,1) = pos02(1:3,1) + [ - 0.2;0.2; - 0.2];
[pp1,dpp1,ddppl] = jtraj (pos01(1:3,1),pos01d(1:3,1),20);
[pp2,dpp2,ddpp2] = jtraj(pos02(1:3,1),pos02d(1:3,1),20);
n = length(pp1);
for i = 1:n
Q1 = robotl.ikine(transl(pp1(i,1),pp1(i,2),pp1(i,3)),newQ1,[1,1,1,0,0,0]);
newQl = [Q1(1),Q1(2),Q1(3),Q1(4),Q1(5)];
Q2 = robot2.ikine(transl(pp2(i,1),pp2(i,2),pp2(i,3)),newQ2,[1,1,1,0,0,0]);
```

```
newQ2 = [Q2(1),Q2(2),Q2(3),Q2(4),Q2(5)];
end
figure(3)
subplot(3,1,1)
plot(pp1);
subplot(3,1,2)
plot(dpp1);
subplot(3,1,3)
plot(ddpp1);
figure(4)
subplot(3,1,1)
plot(pp2);
subplot(3,1,2)
plot(dpp2);
subplot(3,1,3)
plot(ddpp2);
```

附录 12

```
%程序运行步骤
clear;close all;clc;
figure(1);
[six_link] = model();
hold on;
[ZhangAiWuZuoBiao,R] = cartoon();
hold on;
global_value;
[S_G_N] = pop_ini(Population_Quantity);
[best_best_one,all_best_one,pop_fit] = GA(R,Population_Quantity,Evolution_
Algebra,Speed_Optimize,S_G_N,BG,EG,ZhangAiWuZuoBiao);
[sum_alpha,sum_speed,sum_accelerated] = drawing(all_best_one,pop_fit,best_best_one,
BG,EG,six_link,Evolution_Algebra);
%全局变量
Population_Quantity = 100;
Evolution_Algebra = 200;
Speed_Optimize = 10;
BG = [ - pi/3;pi/8; - pi/1.5;0;0;0;
    0;0;0;0;0;0;
    0;0;0;0;0;0];
EG = [0;pi/6; - pi;0;pi/4;0;
    0;0;0;0;0;0;
    0;0;0;0;0;0];
%种群初始化
function [S_G_N] = pop_ini(Population_Quantity)
AF1min =- pi/1.5;          AF1max = pi/1.5;
AF2min =- pi/6;            AF2max = pi/1.5;
AF3min =- 1.4 * pi;        AF3max = pi/2.5;
AF4min =- pi;              AF4max = pi;
AF5min =- pi/3;            AF5max = 1.3 * pi;
```

```
AF6min =- pi/2;            AF6max = pi/2;
SDmin =- 2;                SDmax = 2;
SDDmin =- 1;               SDDmax = 1;
Tmin = 2;                  Tmax = 4;
for m = 1:Population_Quantity
    one = AF1min + (AF1max - AF1min) * rand;
    two = AF2min + (AF2max - AF2min) * rand;
    three = AF3min + (AF3max - AF3min) * rand;
    four = AF4min + (AF4max - AF4min) * rand;
    five = AF5min + (AF5max - AF5min) * rand;
    six = AF6min + (AF6max - AF6min) * rand;
    SD1 = SDmin + (SDmax - SDmin) * rand;
    SD2 = SDmin + (SDmax - SDmin) * rand;
    SD3 = SDmin + (SDmax - SDmin) * rand;
    SD4 = SDmin + (SDmax - SDmin) * rand;
    SD5 = SDmin + (SDmax - SDmin) * rand;
    SD6 = SDmin + (SDmax - SDmin) * rand;
    SDD1 = SDDmin + (SDDmax - SDDmin) * rand;
    SDD2 = SDDmin + (SDDmax - SDDmin) * rand;
    SDD3 = SDDmin + (SDDmax - SDDmin) * rand;
    SDD4 = SDDmin + (SDDmax - SDDmin) * rand;
    SDD5 = SDDmin + (SDDmax - SDDmin) * rand;
    SDD6 = SDDmin + (SDDmax - SDDmin) * rand;
    T1 = Tmin + (Tmax - Tmin) * rand;
    T2 = Tmin + (Tmax - Tmin) * rand;
    S_G_N(:,m) = [one;two;three;four;five;six;
                  SD1;SD2;SD3;SD4;SD5;SD6;
                  SDD1;SDD2;SDD3;SDD4;SDD5;SDD6;
                  T1;T2];
end
%机械臂模型
function[six_link] = model()
%        偏置      杆长      关节扭转角    关节类型
%        z轴平移   x轴平移   x轴旋转       转动
clear;clc;close all;
L(1) = Link([0 0 0 pi/2 0]);
L(2) = Link([0 0 18 0 0]);
L(3) = Link([0 0 0 -pi/2 0]);
L(4) = Link([0 12 0 pi/2 0]);
```

```
L(5) = Link([0 0 0 - pi/2 0]);
L(6) = Link([0 0 5 0 0]);
six_ link = SerialLink(L,'name','six_link');
end
%障碍物模型
function [ZhangAiWuZuoBiao,R] = cartoon()
R = 1.2;
X = 14;
ZhangAiWuZuoBiao = [];
%上边
for Y = - 8:2:8
    for Z = 16:2:18
        [x,y,z] = ellipsoid(X,Y,Z,R,R,R);
        surf(x,y,z);
        hold on;
        ZhangAiWuZuoBiao = [ZhangAiWuZuoBiao;X Y Z];
    end
%下边
for Y = - 8:2:8
    for Z = - 2:2:0
        [x,y,z] = ellipsoid(X,Y,Z,R,R,R);
        surf(x,y,z);
        hold on;
        ZhangAiWuZuoBiao = [ZhangAiWuZuoBiao;X Y Z];
    end
end
%左边
for Y = 6:2:8
    for Z = 1:2:15
        [x,y,z] = ellipsoid(X,Y,Z,R,R,R);
        surf(x,y,z);
        hold on;
        ZhangAiWuZuoBiao = [ZhangAiWuZuoBiao;X Y Z];
    end
end
%右边
for Y = - 8:2: - 6
    for Z = 1:2:15
        [x,y,z] = ellipsoid(X,Y,Z,R,R,R);
```

```
        surf(x,y,z);
        hold on;
        ZhangAiWuZuoBiao = [ZhangAiWuZuoBiao;X Y Z];
    end
end
axis([-40 40 -40 40 -40 40]); % 坐标轴数值范围
view(3);
end
% 适应度函数
function [fit] = fitness(ZG,BG,EG,ZhangAiWuZuoBiao,R)
ZAWS = size(ZhangAiWuZuoBiao);
% 第一段
% 计算关节角
T = ZG(19);
t = 0:0.1:T;
for m = 1:6
    XSJZ = [1    0    0      0       0        0;
            0    1    0      0       0        0;
            0    0    2      0       0        0;
            1    T    T^2    T^3     T^4      T^5;
            0    1    2*T    3*T^2   4*T^3    5*T^4;
            0    0    2      6*T     12*T^2   20*T^3];
    GC = [BG(m);
         BG(6+m);
         BG(12+m);
         ZG(m);
         ZG(6+m);
         ZG(12+m)];
    % GC = XS*A
    XS = XSJZ\GC;
    alphal(m,:) = XS(1) + XS(2)*t + XS(3)*t.^2 + XS(4)*t.^3 + XS(5)*t.^4 +
                 XS(6)*t.^5;
end
% 判断第一段是否干涉
point1 = T/0.1 + 1;
for m = 1:point1
    R1 = eye(4)*trotz(alphal(1,m)); % 关节 1 的位姿矩阵
    R2 = R1*transl(0,0,0)*trotx(pi/2)*trotz(alphal(2:m)); % 关节 2 的位姿矩阵
    R3 = R2*transl(18,0,0)*trotx(0)*trotz(alphal(3,m));
```

```
        R4 = R3 * transl(0,0,0) * trotx( - pi/2) * trotz(alphal(4,m));
        R5 = R4 * transl(0,0,12) * trotx(pi/2) * trotz(alphal(5,m));
        R6 = R5 * transl(0,0,0) * trotx( - pi/2) * trotz(alphal(6,m));
        RY = R6 * transl(5,0,0);
        MDZB1(:,m) = RY(1:3,4);
        %判断杆件是否和障碍物干涉
        %杆件 1
        X1 = R2(1,4);Y1 = R2(2,4);Z1 = R2(3,4);
        X2 = R3(1,4);Y2 = R3(2,4);Z2 = R3(3,4);
        W = ((X1 - X2)^2 + (Y1 - Y2)^2 + (Z1 - Z2)^2)^(1/2);
        for k = 1:ZAWS(1)
            X = ZhangAiWuZuoBiao(k,1);
            Y = ZhangAiWuZuoBiao(k,2);
            Z = ZhangAiWuZuoBiao(k,3);
            for n = 1:ceil(W)
                if n == ceil(W)
                    G1(:,n) = [X2;Y2;Z2];
                else
                    G1(:,n) = [X1 + (X2 - X1) * (n - 1)/ceil(W);Y1 + (Y2 - Y1) *
(n - 1)/ceil(W);Z1 + (Z2 - Z1) * (n - 1)/ceil(W)]; %3 行所有列
                end
                pick = ((G1(1,n) - X)^2 + (G1(2,n) - Y)^2 + (G1(3,n) - Z)^2)^(1/2);
                if pick<R + 0.5
                    fit = 0;
%                       disp('第一段杆件 1 干涉');
                    return;
                end
                end
          end
          %杆件 2
          X1 = R4(1,4);Y1 = R4(2,4);Z1 = R4(3,4);
          X2 = R5(1,4); Y2 = R5(2,4);Z2 = R5(3,4);
          W = ((X1 - X2)^2 + (Y1 - Y2)^2 + (Z1 - Z2)^2)^(1/2);
          for k = 1:ZAWS(1)
              X = ZhangAiWuZuoBiao(k,1);
              Y = ZhangAiWuZuoBiao(k,2);
              Z = ZhangAiWuZuoBiao(k,3);
              for n = 1:ceil(W)
                  if n == ceil(W)
```

```
                    G1(:,n) = [X2;Y2;Z2];
                else
                    G1(:,n) = [X1 + (X2 - X1) * (n - 1)/ceil(W);Y1 + (Y2 - Y1) *
(n - 1)/ceil(W);Z1 + (Z2 - Z1) * (n - 1)/ceil(W)]; %3 行所有列
                end
                pick = ((G1(1,n) - X)^2 + (G1(2,n) - Y)^2 + (G1(3,n) - Z)^2)^(1/2);
                if pick<R + 0.5
                    fit = 0;
%                       disp('第一段杆件 2 干涉');
                    return;
                end
            end
        end
        %杆件 3
        X1 = R6(1,4);Y1 = R6(2,4);Z1 = R6(3,4);
        X2 = RY(1,4);Y2 = RY(2,4);Z2 = RY(3,4);
        W = ((X1 - X2)^2 + (Y1 - Y2)^2 + (Z1 - Z2)^2)^(1/2);
    for k = 1:ZAWS(1)
        X = ZhangAiWuZuoBiao(k,1);
        Y = ZhangAiWuZuoBiao(k,2);
        Z = ZhangAiWuZuoBiao(k,3);
        for n = 1:ceil(W)
            if n == ceil(W)
                G1(:,n) = [X2;Y2;Z2];
            else
                G1(:,n) = [X1 + (X2 - X1) * (n - 1)/ceil(W);Y1 + (Y2 - Y1) *
(n - 1)/ceil(W);Z1 + (Z2 - Z1) * (n - 1)/ceil(W)]; %3 行所有列
            end
            pick = ((G1(1,n) - X)^2 + (G1(2,n) - Y)^2 + (G1(3,n) - Z)^2)^(1/2);
            if pick<R + 0.5
                fit = 0;
%                   disp('第一段杆件 3 干涉');
                return;
            end
        end
      end
    end
    %第二段
    %判断第二段是否干涉
```

```
%计算关节角
T = ZG(20);
t = 0:0.1:T;
for m = 1:6
    XSJZ = [1       0       0       0       0       0;
            0       1       0       0       0       0;
            0       0       2       0       0       0;
            1       T       T^2     T^3     T^4     T^5;
            0       1       2 * T   3 * T^2 4 * T^3 5 * T^4;
            0       0       2       6 * T   12 * T^2 20 * T^3];
    GC = [ZG(m);
        ZG(6 + m);
        ZG(12 + m);
        EG(m);
        EG(6 + m);
        EG(12 + m);
    % GC = XS * A
    XS = XSJZ\GC;
    alpha2(m,:) = XS(1) + XS(2) * t + XS(3) * t.^2 + XS(4) * t.^3 + XS(5) * t.^4 + XS(6) * t.^5;
end
point2 = T/0.1 + 1;
for m = 1:point2
    R1 = eye(4) * trotz(alpha2(1,m)); % 关节 1 的位姿矩阵
    R2 = R1 * transl(0,0,0) * trotx(pi/2) * trotz(alpha2(2,m)); %关节 2 的位姿矩阵
    R3 = R2 * transl(18,0,0) * trotx(0) * trotz(alpha2(3,m));
    R4 = R3 * transl(0,0,0) * trotx( - pi/2) * trotz(alpha2(4,m));
    R5 = R4 * transl(0,0,12) * trotx(pi/2) * trotz(alpha2(5,m));
    R6 = R5 * transl(0,0,0) * trotx( - pi/2) * trotz(alpha2(6,m));
    RY = R6 * transl(5,0,0);
    MDZB2(:,m) = RY(1:3,4);
    %判断杆件是否和障碍物干涉
    %杆件 1
    X1 = R2(1,4);Y1 = R2(2,4);Z1 = R2(3,4);
    X2 = R3(1,4);Y2 = R3(2,4);Z2 = R3(3,4);
    W = ((X1 - X2)^2 + (Y1 - Y2)^2 + (Z1 - Z2)^2)^(1/2);
    for k = 1:ZAWS(1)
        X = ZhangAiWuZuoBiao(k,1);
        Y = ZhangAiWuZuoBiao(k,2);
        Z = ZhangAiWuZuoBiao(k,3);
```

```
            for n = 1:ceil(W)
                if n == ceil(W)
                    G1(:,n) = [X2;Y2;Z2];
                else
                    G1(:,n) = [X1 + (X2 - X1) * (n - 1)/ceil(W);Y1 + (Y2 - Y1) * (n -
1)/ceil(W);Z1 + (Z2 - Z1) * (n - 1)/ceil(W)]; %3行所有列
                end
                pick = ((G1(1,n) - X)^2 + (G1(2,n) - Y)^2 + (G1(3,n) - Z)^2)^(1/2);
                if pick<R + 0.5
                    fit = 0;
%                       disp('第二段杆件1干涉');
                    return;
                end
            end
        end
        %杆件2
        X1 = R4(1,4);Y1 = R4(2,4);Z1 = R4(3,4);
        X2 = R5(1,4);Y2 = R5(2,4);Z2 = R5(3,4);
        W = ((X1 - X2)^2 + (Y1 - Y2)^2 + (Z1 - Z2)^2)^(1/2);
        for k = 1:ZAWS(1)
            X = ZhangAiWuZuoBiao(k,1);
            Y = ZhangAiWuZuoBiao(k,2);
            Z = ZhangAiWuZuoBiao(k,3);
            for n = 1:ceil(W)
                if n == ceil(W)
                    G1(:,n) = [X2;Y2;Z2];
                    else
                        G1(:,n) = [X1 + (X2 - X1) * (n - 1)/ceil(W);Y1 + (Y2 -
Y1) * (n - 1)/ceil(W);Z1 + (Z2 - Z1) * (n - 1)/ceil(W)]; %3行所有列
                    end
                    pick = ((G1(1,n) - X)^2 + (G1(2,n) - Y)^2 + (G1(3,n) - Z)^2)^(1/2);
                    if pick<R + 0.5
                        fit = 0;
%                           disp('第二段杆件2干涉');
                        return;
                    end
                end
            end
            %杆件3
```

```
            X1 = R6(1,4);Y1 = R6(2,4);Z1 = R6(3,4);
            X2 = RY(1,4);Y2 = RY(2,4);Z2 = RY(3,4);
            W = ((X1 - X2)^2 + (Y1 - Y2)^2 + (Z1 - Z2)^2)^(1/2);
            for k = 1:ZAWS(1)
                X = ZhangAiWuZuoBiao(k,1);
                Y = ZhangAiWuZuoBiao(k,2);
                Z = ZhangAiWuZuoBiao(k,3);
                for n = 1:ceil(W)
                    if n == ceil(W)
                        G1(:,n) = [X2;Y2;Z2];
                    else
                        G1(:,n) = [X1 + (X2 - X1) * (n - 1)/ceil(W);Y1 + (Y2 - Y1)
* (n - 1)/ceil(W);Z1 + (Z2 - Z1) * (n - 1)/ceil(W)]; %3 行所有列
                    end
                    pick = ((G1(1,n) - X)^2 + (G1(2,n) - Y)^2 + (G1(3,n) - Z)^2)^(1/2);
                    if pick<R + 0.5
    fit = 0;
    %                    disp('第二段杆件 3 干涉');
                    return;
                end
            end
        end
    end
    %最终适应度
    s_alpha = [alpha1 alpha2];
    MDZB = [MDZB1 MDZB2];

    alpha_z = s_alpha(:,1:(end - 1)) - s_alpha(:,2:end);
    MDZB_x = MDZB(:,1:(end - 1)) - MDZB(:,2:end);

    sum_alpha = sum(sum(abs(alpha_z)));
    www = size(MDZB_x);
    sum_path = 0;
    for m = 1:www(2)
        sum_path = sum_path + norm(MDZB_x(:,m));
    end
    fit = 1/(sum_alpha + sum_path + (ZG(19) + ZG(20)));
    %     fit = 1/(sum_path);
    end
```

```
%遗传算法
function [best_best_one,all_best_one,pop_fit] =
GA(R,Population_Quantity,Evolution_Algebra,Speed_Optimize,S_G_N,BG,EG,Zha
ngAiWuZuoBiao)
AF1min = - pi/1.5;          AF1max = pi/1.5;
AF2min = - pi/6;            AF2max = pi/1.5;
AF3min = - 1.4 * pi;        AF3max = pi/2.5;
AF4min = - pi;              AF4max = pi;
AF5min = - pi/3;            AF5max = 1.3 * pi;
AF6min = - pi/2;            AF6max = pi/2;
second_generation = [];
for m = 1:Evolution_Algebra
    m
    %进行速度优化,并计算优化后的适应度值
    for n = 1:Population_Quantity
        for w = 1:Speed_Optimize
            Speed(:,w) = 4 * rand(6,1) - 2;
            S_G_N(7:12,n) = Speed(:,w);
            ZG = S_G_N(:,n)
            Speed_fit(1,w) = fitness(ZG,BG,EG,ZhangAiWuZuoBiao,R);
        end
        Best_Speed_fit = Speed_fit(1,1);
        S_G_N(7:12,n) = Speed(:,1);
        for w = 1:Speed_Optimize
                if Speed_fit(1,w)>Best_Speed_fit
                    Best_Speed_fit = Speed_fit(1,w);
                    S_G_N(7:12,n) = Speed(:,w);
                end
        end
        S_G_N(21,n) = Best_Speed_fit;
    end
    max_fit(1,m) = S_G_N(21,1);
    all_best_one(:,m) = S_G_N(:,1);
    for n = 1:Population_Quantity
        if S_G_N(21,n)>max_fit(1,m)
max_fit(1,m) = S_G_N(21,n);
                all_best_one(:,m) = S_G_N(:,n);
        end
    end
```

```
%种群的选择
pop_fit(1,m) = sum(S_G_N(21,:));
select_operator = S_G_N(21,:)/pop_fit(1,m);
for n = 1:Population_Quantity
    pick = rand;
    for w = 1:Population_Quantity
        if pick<sum(select_operator(1:w)
            second_generation(:,n) = S_G_N(:,w);
            break;
        end
    end
end
%交叉变异
Traverse = [];
for n = 1:Population_Quantity
    father = ceil(rand * Population_Quantity);
    q = 0;
    while any(Traverse == father) == 1
        father = ceil(rand * Population_Quantity);
        q = q + 1;
        if q == 50000
            break;
        end
    end
    Traverse = [Traverse father];
    mother = ceil(rand * Population_Quantity);
    q = 0;
    while any(Traverse == mother) == 1
        mother = ceil(rand * Population_Quantity);
        q = q + 1;
        if q == 50000
            break;
        end
    end
    Traverse = [Traverse mother];
    better_fit = second_generation(21,father);
    if second_generation(21,mother)>second_generation(21,father)
        better_fit = second_generation(21,mother);
        bad_fit = second_generation(21,father);
```

```
        else
            bad_fit = second_generation(21,mother);
        end
        average_fit = sum(second_generation(21,:));
        if better_fit>average_fit
            pc = (max_fit(1,m) - better_fit)/(max_fit(1,m) - average_fit);
                pc = 0.7;
%       else
            pc = 0.6;
        end
        pick = rand;
        if pick<pc
            ww = ceil(6 * rand);
            spring_father = second_generation(ww,father);
            spring_mother = second_generation (ww,mother);
second_generation(ww, father) = spring_mother;
            second_generation(ww,mother) = spring_father;
        end
        if bad fit>average_fit
            pm = (max_fit(1,m) - bad_fit)/(max_fit(1,m) - average_fit);
                pm = 0.1;
%       else
            pm = 0.1;
        end
        pick = rand;
        if pick<0.5
              index = father;
        else
              index = mother;
        end
        pick = rand;
        if pick<pm
            ww = ceil(6 * rand);
            if ww == 1
                second_generation(ww,index) = AF1min + (AF1max - AF1min) * rand;
            end
            if ww == 2
                second_generation(ww,index) = AF2min + (AF2max - AF2min) * rand;
            end
```

```
                if ww == 3
                    second_generation(ww,index) = AF3min + (AF3max - AF3min) * rand;
                end
            end
            if ww == 5
                second_generation(ww,index) = AF5min + (AF5max - AF5min) * rand;
            end
            if ww == 6
                second generation(ww,index) = AF6min + (AF6max - AF6min) * rand;
            end
          end
      end
      S_G_N = second_generation;
end
ww = all_best_one(21,1);
best_best_one = all_best_one(:,1);
for m = 1:Evolution_Algebra
    if all_best_one(21,m)>ww
          ww = all_best_one(21,m);
          best_best_one = all_best_one(:,m);
    end
end
end
%结果绘制
function [sum_alpha,sum_speed, sum_accelerated]
= drawing(all_best_one, pop_fit, best_best_one,BG,EG,six_link,Evolution_Algebra)
% ============================================================
  ======================
%种群适应的变化趋势
figure(2);
t = 1:Evolution_Algebra;
legend('种群适应度');
title('种群适应度变化趋势');
xlabel('代数');
ylabel('适应度值');
figure(6);
t = 1:Evolution_Algebra;
plot(t,all_best_one(21,:),'r.');
legend('每代中最好的那个个体适应度');
```

```
title('每代最好个体适应度变化趋势');
xlabel('代数');
ylabel('适应度值');
% ============================================================
  ======================
%计算最优点的运动轨迹参数
T = best_best_one(19);
t = 0:0.05:T;
form = 1:6
    XSJZ = [1    0    0      0        0         0;
            0    1    0      0        0         0;
            0    0    2      0        0         0;
            1    T    T^2    T^3      T^4       T^5;
            0    1    2 * T  3 * T^2  4 * T^3   5 * T^4;
            0    0    2      6 * T    12 * T^2  20 * T^3];
    GC = [BG(m);
        BG(6 + m);
        BG(12 + m);
        best_best_one(m);
        best_best_one(6 + m);
        best_best_one(12 + m)];
        %GC = XS * A
        XS = XSJZ\GC;
        alphal(m,:) = XS(1) + XS(2) * t + XS(3) * t.^2 + XS(4) * t.^3 + XS(5) * t.^4 +
                      XS(6) * t.^5;
        speed1(m,:) = XS(2) + 2 * XS(3) * t + 3 * XS(4) * t.^2 + 4 * XS(5) * t.^3 + 5 *
                      XS(6) * t.^4;
        acceleratedl(m,:) = 2 * XS(3) + 6 * XS(4) * t + 12 * XS(5) * t.^2 + 20 * XS(6) * t.^3;
    end
    T = best_best_one(20);
    t = 0:0.05:T;
    for m = 1:6
        XSJZ = [1    0    0      0        0         0;
                0    1    0      0        0         0;
                0    0    2      0        0         0;
                1    T    T^2    T^3      T^4       T^5;
                0    1    2 * T  3 * T^2  4 * T^3   5 * T^4;
                0    0    2      6 * T    12 * T^2  20 * T^3];
        GC = [best_best_one(m);
            best_best_one(6 + m);
```

```
            best_best_one(12 + m);
            EG(m);
            EG(6 + m);
            EG(12 + m)];
        % GC = XS * A
        XS = XSJZ\GC;
        alpha2(m,:) = XS(1) + XS(2) * t + XS(3) * t.^2 + XS(4) * t.^3 + XS(5) * t.^4 +
                    XS(6) * t.^5;
        speed2(m,:) = XS(2) + 2 * XS(3) * t + 3 * XS(4) * t.^2 + 4 * XS(5) * t.^3 + 5 *
                    XS(6) * t.^4;
        accelerated2(m,:) = 2 * XS(3) + 6 * XS(4) * t + 12 * XS(5) * t.^2 + 20 *
                        XS(6) * t.^3;
end
sum_alpha = [alpha1 alpha2];
sum_speed = [speed1 speed2];
sum_accelerated = [accelerated1 accelerated2];
% ===================================================
  =========================
%各关节关节角变化趋势
figure(3);
sum_point = size(sum_alpha);
t = 1:sum_point(2);
plot(t,sum_alpha(1,:),'bd',t,sum_alpha(2,:),'r^',t,sum_alpha(3,:),'gv',...
    t,sum_alpha(4,:),'gp',t, sum_alpha(5,:),'m + ',t,sum_alpha(6,:),'b.');
legend('关节 1','关节 2','关节 3','关节 4','关节 5','关节 6');
title('路径各关节角变化');
xlabel('路径插值点');
ylabel('关节角值(弧度)');
% ===================================================
  =========================
%各关节关节角速度变化趋势
figure(4);
t = 1:sum_point(2);
plot(t,sum_speed(1,:),'bd',t,sum_speed(2,:),'r^',t,sum_speed(3,:),'gv',…
    t,sum_speed(4,:),'gp',t,sum_speed(5,:),'m + ',t,sum_speed(6,:),'b.');
legend('关节 1','关节 2','关节 3','关节 4','关节 5','关节 6');
title('路径各关节角速度变化');
xlabel('路径插值点');
ylabel('关节角速度值(弧度/秒)');
% ===================================================
```

```
  ==========================
 %各关节角加速度变化趋势
 figure(5);
 t = 1:sum_point(2);
 plot(t, sum_accelerated(1,:),'bd',t,sum_accelerated(2.:),'r^',…
      t,sum_accelerated(3,:),'gv',t,sum_accelerated(4,:),'m+',…
      t,sum_accelerated(5,:),'mp',t,sum_accelerated(6,:),'b.');
 legend('关节 1','关节 2','关节 3','关节 4','关节 5','关节 6');
 title('路径各关节角加速度变化');
 xlabel('路径插值点'):
 ylabel('关节角加速度值(弧度/秒平方)');
 % ======================================================
  ==========================
 %连杆模型运动轨迹图
 figure(1);
 hold on;
 for m = 1:sum_point(2)
     R1 = eye(4) * trotz(sum_alpha(1,m));
     R2 = R1 * transl(0,0,0) * trotx(pi/2) * trotz(sum_alpha(2,m));
     R3 = R2 * transl(18,0,0) * trotx(0) * trotz(sum_alpha(3,m));
     R4 = R3 * transl(0,0,0) * trotx( - pi/2) * trotz(sum_alpha(4,m));
     R5 = R4 * transl(0,0,12) * trotx(pi/2) * trotz(sum_alpha(5,m));
     R6 = R5 * transl(0,0,0) * trotx( - pi/2) * trotz(sum_alpha(6,m));
     RY = R6 * transl(5,0,0);
     line([R2(1,4)R3(1,4)],[R2(2,4)R3(2,4)],[R2(3,4)R3(3,4)],...
           'color','b');hold on;
     line([R4(1,4)R5(1,4)],[R4(2,4)R5(2,4)],[R4(3,4)R5(3,4)],...
           'color','b');hold on;
     line([R6(1,4)RY(1,4)],[R6(2,4)RY(2,4)],[R6(3,4)RY(3,4)],...
           'color','b');hold on;
     plot3(RY(1,4),RY(2,4),RY(3,4),'r.');hold on;
     plot(six_link,sum_alpha(:,m)');hold on;
 end
axis([ - 40 40  - 40 40  - 40 40]); %坐标轴数值范围
disp('轨迹规划完成');
end
```

```
%--------------------------------------------
% 关节 [illegible]
figure(...)
= 1:sum_point(2)
[illegible]
sum_accelerated(...) [illegible] sum_acce_rotated(...) [illegible]
sum_accelerated(...) [illegible] sum_accelerated(...) [illegible]
legend(...)
title('关节 [illegible] 速度 [illegible]')
xlabel('轨迹点序号');
ylabel('关节 [illegible] 速度 [illegible]');
%--------------------------------------------
%--------------------------------------------
% 末端执行器的轨迹图
figure(1);
hold on
for m = 1:sum_point(2)
    R1 = eye(4) * trotz(sum_alpha(1,m));
    R2 = R1 * transl(0,0,0) * trotx(pi/2) * trotz(sum_alpha(2,m));
    R3 = R2 * transl(16,0,0) * trotx(0) * trotz(sum_alpha(3,m));
    R4 = R3 * transl(0,0,0) * trotx(-pi/2) * trotz(sum_alpha(4,m));
    R5 = R4 * transl(0,0,12) * trotx(pi/2) * trotz(sum_alpha(5,m));
    R6 = R5 * transl(0,0,0) * trotx(-pi/2) * trotz(sum_alpha(6,m));
    RY = R6 * transl(0,0,0);
    line([R1(1,4)R2(1,4)],[R2(2,4)R3(2,4)],[R2(3,4)R3(3,4)],...
        'color','r');hold on;
    line([R4(1,4)R5(1,4)],[R4(2,4)R5(2,4)],[R4(3,4)R5(3,4)],...
        'color','b');hold on;
    line([R6(1,4)RY(1,4)],[R6(2,4)RY(2,4)],[R6(3,4)RY(3,4)],...
        'color','b');hold on;
    plot3(RY(1,4),RY(2,4),RY(3,4),'r.');hold on;
    [illegible](sum_alpha(:,m));hold on;
end
axis([-40 40 -40 40 -40 40]);%建立坐标轴范围
title('机械臂运动轨迹');
end
```